KB186950

권대옥의 완벽한 에스프레소 추출법

권대옥의 완벽한
에스프레소 추출법

권대옥 지음

책미래

들어가며

완벽한 에스프레소를 만드는 방법을 소개하기 위해 이 책을 구성했다. 추출과정에 따라 변수가 많은 에스프레소는 환경적인 영향뿐만 아니라 바리스타의 역량에 따라 무수한 변수를 가지게 된다. 이것은 에스프레소를 추출해 본 경험이 있는 바리스타라면 공감할 것이다.

또한 가장 궁극적으로 완벽한 에스프레소를 만들기 위해서는 그린빈의 특징과 가공처리 과정을 이해해야 한다. 그린빈의 이해와 가공처리 과정은 로스팅 프로파일과 로스팅 포인트에 따라 다양한 향미를 변화시키기 때문에 바리스타는 이런 다양한 변수(향미)를 이해하는 경험을 갖고 있어야 완벽한 에스프레소를 만드는 조건을 갖출 수 있다.

다시 말해 실험적이며 연구적인 마인드를 갖고 있어야 풍부한 경험의 노하우를 펼쳐 낼 수 있다는 것이다. 그렇다면 풍부한 경험의 노하우란 어떻게 만들어야 할 것인가?

가장 이상적인 바리스타는 직접 로스팅을 하고 직접 에스프레소를 추출해서 다양한 그린빈의 품종과 처리 과정, 다양한 로스팅 포인트에 따라 향미를 평가할 수 있는 감별력을 훈련한 바리스타이다.

다른 사람이 만든 원두를 분석하는 것보다 직접 로스팅이 진행되는 과정을 이해하며, 다양한 프로파일과 포인트의 상황을 체크하고, 직접 추출 과정을 거쳐 다양한 시스템을 구축한다면 완벽한 에스프레소를 만드는 데 유리한 고지에 다다를 수 있다.

에스프레소를 처음 입문하는 바리스타는 에스프레소에 가치와 진가가 무엇인지 배워야 한다. 또한 에스프레소 추출 과정에서 추출되는 색의 변화와 온도 변화에 따른 향미 차이도 이해해야 한다. 이 책에서 필자는 에스프레소 추출 시스템의 다양한 실험을 기술했다.

무엇보다 추출 시스템의 변수 중 온도의 변화와 로스팅 프로파일에 따른 향미 변화, 로스팅 포인트에 따른 향미 변화, 싱글오리진을 베스트로 추출하는 추출 온도 설정 등 바리스타가 꼭 알고 연구해야 완벽한 에스프레소를 추출할 수 있는 방법을 기술하였다.

결론적으로 말하면 완벽한 에스프레소란 그린빈 품종의 이해와 가공 처리 과정에 따른 향미 변화의 이해가 필요하고, 또한 로스팅 프로파일에 따른 로스팅 포인트별 향미 분석이 필요하다.

에스프레소 추출 시스템의 방법 중에 사전 주입 시스템의 장점과 추출 시스템의 향미 완성 시점을 체크해서 분석할 수 있는 감각 또한 요구된다. 이런 모든 에스프레소 추출 시스템을 이해하고 분석 분류할 수 있다면 완벽한 에스프레소를 만들 수 있을 것이다.

대한민국의 모든 바리스타분이 완벽한 에스프레소를 만들 수 있게 되는 데 이 책이 작은 보탬이 된다면 더 이상 바랄 것이 없겠다.

권대옥

다양한 볶음도에 따라 온도 변화를 주었을 때 에스프레소를 추출하는 방법

Chapter 3 블랜딩

Chapter 1

coffee

01 에스프레소의 정의와 평가 방법

에스프레소 정의

에스프레소는 커피액과 크레마층으로 이루어져 있다.

커피액은 기름층과 고형물층으로 이루어져 있고, 크레마는 많은 양의 가스(이산화탄소)와 거품으로 구성되어 있다.

무엇보다 에스프레소 한 잔을 평가할 줄 알아야 한 잔의 에스프레소를 만들 수 있다.

에스프레소 평가 방법

에스프레소 품질은 크레마, 향, 맛, 바디감, 여운 등으로 평가한다.

크레마(crema)

크레마는 에스프레소 표면에 나타나는 거품층이며, 표면의 호랑이 무늬(타이거스킨) 같은 모양의 유무에 따라 점수가 차이가 난다. 에스프레소는 크레마의 색깔, 점도(2~3mm)의 지속성(3~4분) 정도로 평가한다.

향(aroma)

향의 강도가 강할수록 높은 점수를 주며, 향의 종류가 과일류의 향인지 카라멜류의 향인지 꽃향, 초콜릿향인지의 정도를 체크하고 점수의 강도를 체크하며, 부정적인 향은 점수를 가감한다.

맛(taste)

맛은 단맛, 신맛, 쓴맛, 짠맛의 네 가지 맛 중에 단맛은 높은 점수를 주며, 신맛과 쓴맛은 조화로우면 높은 점수를 주고, 너무 강렬해지면 낮은 점수를 준다.

단맛이 부족해지면 짠맛이 증가하므로 부정적인 느낌을 갖게되고, 이러한 맛의 균형감을 함께 체크한다.

바디감(body)

입 안의 꽉 차는 듯한 묵직함이다.

이러한 바디감이 강할수록 높은 점수를 주고 약할수록 낮은 점수를 준다.

바디감이 풍부한 용어로 rich, full, heavy이고, 중간 정도이면 medium, 약하면 rounded, flat이라고 표현하며, 거칠고 밋밋하면 thick, thin 등으로 표현한다.

입 안에서 느끼는 질감 중에 촉감은 바디감 외에 입에서 느끼는 촉감이다. 촉감의 표현은 oil, creamy, silky 등으로 표현한다.

여운(after taste)

에스프레소를 마시고 난 후의 향의 지속성을 평가하는 것이다. 지속 시간이 길거나 부정적, 긍정적 여운이 느껴지는지도 함께 평가한다. 지속 시간이 길면 높은 점수를 준다.

02 에스프레소 추출

에스프레소 추출은 미세하게 분쇄된 입자를 압착하고, 고온 고압의 의해 커피입자층을 통과하여 커피 성분들은 추출한다. 고압 추출이기 때문에 입자층을 통과할 때 확산 작용(입자와 입자 사이의 물을 주입할때 입자 속에 있는 커피 성분을 투과하여 추출하는 방법)보다는 세정 작용(입자의 겉의 성분만 추출하는 방법)이 더 많이 빠르게 발생한다.

이런 세정 작용의 의해 추출되는 상황에서 바리스타가 균일한 커피 입자층(도징과 템핑)을 만들지 못하게 되면 한쪽으로 편추출되는 수로 현상(water channeling)이 발생되어 과다 추출의 원인이 되며, 커피의 쓴맛 성분이 증가하게 된다.

이런 현상은 추출 과정에서 추출구가 없는 포타 필터를 사용할 때 과다 추출이 발생하는 한쪽 지점에서 노란색의 커피 성분이 추출되는 것을 볼 수 있다.

이런 현상이 즉 편추출이 되는 현상이다. 또한, 추출된 에스프레소를 마셔 보았을 때 지나치게 쓰고 떫은 느낌이 난다면 과다 추출의 원인이 되는 현상이다. 추출된 커피층의 모양을 보게 되면 한쪽에 물길이 생긴 구멍을 발견하게 될 것이다.

이런 현상들이 커피 성분의 불균일성을 만드는 부분이기 때문에 에스프레소 추출 시 커피를 담는 양과 탬핑의 균일성이 무엇보다 중요하다. 또한, 과다 추출이 되는 부분 외의 오히려 반대 부분에는 과소 추출이 발생되는데, 입자층의 밀도가 높아 물의 흐름이 약해지게 된다.

이렇게 되면 커피 성분을 충분히 추출하지 못하게 되어 향과 맛이 밋밋해지고, 커피의 농도 또한 약해지는 현상이 발생된다.

과다 추출과 과소 추출이 함께 발생되는 편추출은 완벽한 에스프레소를 만드는 데 방해가 되므로 규일한 도징과 템핑의 능력을 키우는 것이 바리스타에게 중요하다.

또한, 추출 과정에서 추출액의 색이 너무 밝거나 노란색이 너무 빨리 추출되거나 추출액이 곧게 추출되지 않고 흔들리는 현상이 발생되는 것은 입자의 불균일성과 압력, 도징, 템핑 등 여러 요인이 발생되는 것이기 때문에 바리스타는 추출되는 추출액의 색과 추출량을 일정하게 추출할 수 있도록 훈련해야 한다.

에스프레소를 추출할 때 너무 높은 압력으로 추출하면 오히려 압력이 높아졌을 때 입자층의 물의 흐름이 느려지는 현상이 발생해 추출 흐름이 무의미해짐을 알 수 있다. 또한 너무 많은 커피양을 넣거나 너무 가늘게 분쇄하였을 경우도 입자층의 흐름이 원활하지 않아 추출 효율이 떨어지는 현상이 발생된다.

바리스타가 추출 과정에서 중요하게 생각해야 될 요소 중 미분이 발생하는것을 막기 위해서는 입자를 너무 가늘게 분쇄하면 미분의 발생 확률이 높아지고, 그렇게 되면 추출 흐름이 느려져 과다 추출 현상이 발생한다.

이렇듯 미분이 발생하는 것을 막기 위해서는 좋은 그라인더가 필요하며 너무 많은 양을 사용하지 않는 것이 중요한데, 맛을 내기 위해 많은 양을 사용하고자 한다면 다소 큰 바스켓을 사용하면 된다.

또한, 미분발생을 조율하기 위해서 추출 과정에서 사전주입을 사용하면 미분이동을 극히 제한할 수 있게 된다. 입자 간의 틈이 벌어지는 공간이 좁아지기때문에 미분이 아래쪽으로 이동할 수 있는 시간적인 상황을 조율할 수 있게 되고(즉 미분을 잡아두는 상황을 만들 수 있다) 미분의 이동이 많아지면 쓴맛과 떫은맛이 증가하게 되어 커피맛의 부정적인 영향을 주게 된다.

다시 말해 사전주입 시간이 길수록 미분이동을 제한할 수 있게 되며, 추출 성분 중 단맛을 극대화시킬 수 있게 된다. 사전주입에서 유량조절과 유압조절에 의해 사전주입을 사용할 수 있지만, 유량조절에 의한 사전주입 방식은 좀 더 안정적인 미분이동을 제한할 수 있는 장점이 있다.

참고로 필자는 핸드드립 추출 이론 저서에서 뜸을 들일 때 점식이나 가는 물줄기로 뜸을 들이는 방식 중 점식 방식이, 즉 유량조절 방식이 되는 것이다. 그리고 굵은 물줄기로 뜸을 들이는 방식은 유압조절 방식이 되는 것이다.

필자의 추출 방식에 중앙집중분리형 추출법(중분법)에서 추출 과정 시 물의 주입 방식의 따라 가는 물줄기와 주입 타이밍을 양분화(주입 양을 여러 번 나누어 주입하는 방법)하는 것의 대한 이론을 제시하였다.

입자 간 간격을 최소화하고 입자와 입자 사이에 커피 성분을 추출해내는 확산 작용을 활성화하기 위한 추출 방식인데, 다시 말해 주입 타이밍을 양분화하여서 확산 작용을 활용하는 것이 미분이동을 제한하는 방식이 되는 것이다.

미분이동이 증가한다는 것은 핸드드립 과정에서 물줄기가 너무 굵게 추출하게 되면 입자 간 간격이 넓어져 미분이 아래쪽으로(하부층) 이동하게 되어 추출 흐름이 느려지게 되고, 교반작용 또한 발생해서 텁텁한 맛이 표현된다.

이렇듯 에스프레소와 핸드드립 방식은 추출 과정 시 미분의 이동을 극히 제한하는 사전주입 방식(뜸)을 사용하는 것이 완벽한 추출을 만드는 데 중요한 역할을 하는 것이다. 필자의 연구 결과 사전주입 방식(뜸)의 시간을 길게 할수록 단맛이 증가한다는 결과를 얻었다.

03 에스프레소 추출 과정

사전주입 단계(preinfusion)

입자층의 낮은 압력으로 적셔 주는 단계이다. 사전주입을 하는 궁극적인 목적은 커피 입자에 느린 속도로 적셔 주게 되면 수로현상이 줄어들고 미분이동을 제어할 수 있게 되기 때문이다.

저압으로 사전주입을 하는 방식 중에 유량조절 방식과 유압조절 방식이 있는데 유량조절 방식은 물의 흐름의 양에 의한 방식이고, 유압조절 방식은 3바(bar) 정도의 압력에 의한 방식이다.

이 두 방식의 사전주입 중 유량조절 방식은 입자 간 간격의 결속력이 높아지고, 미분이동의 흐름 속도를 제어할 수 있게 되어 추출 과정에서 확산 작용을 활성화할 수 있게 만드는 방법이다. 하지만 에스프레소의 압력추출 단계는 중력추출 단계의 드립 방식보다 더 강렬한 9바 이상의 압력이 발생하므로 확산 작용보다는 세정작용이 더 많이 발생하는 것이 사실이다.

연구 결과 사전주입을 하지 않는 에스프레소 결과물보다 사전주입을 하는 에스프레소 결과물이 더 안정적이고 단맛이 많이 형성된다는 결과를 얻었다. 그중 유압조절보다는 유량조절에 의한 사전주입 방식으로 시간을 더 많이 늘리면 단맛이 더 증가하게 된다.

사전주입의 가장 큰 장점은 한 잔의 에스프레소를 만드는 과정에서 매번 안정적인 에스프레소를 만드는 데 유리한 조건을 만든다는 것이다.

물의 흐름 속도를 조율하고 미분의 이동을 제어한다는 것은 보다 안정적인 에스프레소를 만드는 작업에 있어서 바리스타에게 유리한 조건을 만들어 준다.

압력 증가 단계(pressure increase)

사전주입 단계가 끝나면(사전주입 단계는 10초 이상하는 것이 보통이지만 필자는 30~40초 이상 했을 경우 단맛이 증가되는 것을 알 수 있었다.) 압력 증가 단계로 진행되며, 9기압 압력에 도달하게 되면 압력 증가에 의해 물의 흐름이 증가하게 되다가 서서히 감소하며 일정해진다.

여기서 9기압 이상의 압력으로 조금 더 증가시키게 되면 오히려 흐름 속도가 감소하게 되는데, 그 이유는 미분의 이동이 증가하게 되고 입자 간 간격의 압착력이 감소하면서 압력이 점점 더 증가하게 되면 입자 간 간격의 교반이 발생하게 되어 미분이동이 활발해지고 흐름 저하 현상이 발생하게 된다.

다시 말해 압력이 12~13기압으로 증가되면 교반작용에 의해 추출 속도가 오히려 줄어들게 되기 때문이다.

추출 단계(extraction)

고온고압에 의해 추출되는 단계이기 때문에 확산 작용보다는 세정작용에 의해 커피 성분이 추출되는 시점이다.

추출 단계에서의 추출액의 색은 짙은 갈색의 점성을 띠는 추출액이 추출되기 시작한다.

이때 추출 줄기는 가늘고 곧게 추출되어야 추출 압력과 온도, 입자의 분포도, 도징, 템핑 정도가 균일하다 할 수 있다.

만일 추출 줄기가 흔들리거나 노란색이 먼저 추출되어 나온다면 위에서 언급된 모든 조건을 다시 정리해야 한다.

보통 추출 단계에서 0~5초까지는 짙은 갈색의 점성이 추출되고 10~15초까지는 갈색 오렌지색이 추출되다가 20~30초에서는 노란색의 추출액이 추출된다.

이 시점에서는 더 이상 추출액을 받지 않는 것이 더 좋은 에스프레소를 만드는 데 유리해진다.

04 분쇄(grinding)

그라인더는 좋은 그라인더일수록 미분의 형성이 적고, 열 발생률이 적게 된다. 모터에 열 발생률이 많으면 에스프레소 향미에 영향을 주며, 미분이 많이 만들어지면 물의 흐름을 방해해서 추출 효율을 감소시키게 된다.

그라인더는 두 종류의 날, 즉 플랫날과 코니컬날로 구성되어있다.

플랫날

플랫날: 평평한 칼날이 두 개로 형성되어 있다. 회전수는 코니컬날에 비해 많고, 속도도 빨라서 입자가 잘 갈리며, 크기는 균일한 편이다. 또한 회전수가 많다 보니 열 발생률이 다소 증가 할 수 있어 되도록이면 플랫날은 고가의 그라인더를 쓰는 것이 유리하다.

코니컬날

코니컬날: 뾰족한 날과 감싸고 있는 날로 형성되어 있다.

회전수가 적고 그로 인해 향미가 플랫날에 비해 더 좋은 편이다. 만약 향을 위주로 표현하고 싶은 약볶음 전용 그라인더로 코니컬날이 더 좋다. 입자 크기가 플랫날에 비해 다소 크게 갈리기 때문에 균일한 입자로 맞추는 것이 관건이다.

플랫날과 코니컬날의 특징

플랫날은 단맛과 바디감이 좋고 질감과 균형감이 좋다.

코니컬날은 향과 신맛이 좋고 산뜻한 느낌이 나며 촉감이 좋다.

05 물의 온도와 추출 압력

요즘 생산되는 에스프레소 머신의 기능은 물의 온도를 거의 제어하고 있다고 해도 과언이 아닐 정도로 물의 온도 유지력에 집중하고 있다. 물의 온도는 에스프레소의 맛과 향 농도에 영향을 주며, 에스프레소 추출 속도에도 또한 영향을 주기 때문에 상당히 민감한 부분이다.

보통 물의 온도는 85~95도 정도로 유지한다. 온도가 너무 낮으면 약볶음된 커피는 신맛이 낮아져 향이 부족해지고 밋밋하다. 온도가 너무 낮으면 강볶음된 커피는 쓴맛을 부드럽게 할 수 있지만 풍부하지는 않다.

온도가 너무 높으면 약볶음된 커피는 신맛이 날카로워지고 바디는 풍부해지지만, 거칠고 과한 느낌의 신맛이 표현된다. 온도가 너무 높으면 강볶음된 커피는 쓴맛이 과도해지고 바디는 풍부하지만 거칠며 탄맛이 난다.

그래서 온도 설정이 무엇보다 선행되어야 하기 때문에 바리스타는 85~95도 사이에 자신의 로스팅된 원두의 볶음도 상태를 체크해서 온도 설정과 그라인더날 선택을 해서 에스프레소 한 잔의 조건을 만들어야한다.

에스프레소의 추출 압력은 보통 8~10바 내외로 하지만 대부분 9바에서 많이 사용한다. 다시 말해 압력이 높을수록 추출 속도가 원활하지 못하고 감소하거나 평평해지기 때문에 추출 압력을 너무 자주 조절하지 않는 것이 좋다.

또한 너무 낮은 압력으로 추출하면 밋밋하고 나무 냄새가 나는 경우가 있기 때문에 대부분 9바에서 통상적으로 압력을 조율한다.

Chapter 2

coffee

01 싱글오리진 추출 방법

동아프리카 싱글오리진 에스프레소 추출 방법

케냐, 루완다, 부룬디, 탄자니아 등 동아프리카 커피들은 재배 품종이 주로 버본종이 주력종이다(케냐는 sl28, sl34, RUIR11, K7 등을 재배한다).

가공처리 과정은 washed 처리 과정을 주로 하며, 신맛과 단맛이 강하며 다양한 아로마들이 표현되는 특징을 보인다.

로스터들의 볶는 특징에 따라 약볶음, 중볶음, 강볶음으로 볶기도 하지만, 대체적으로 신맛과 다양한 향미가 다른 중남미, 아시아지역 커피보다 탁월하다.

이런 특징이 있는 동아프리카 지역의 품종들을 약볶음했을 경우 더더욱 신맛이 증가하는데, 로스터들의 로스팅 프로파일에 따라 신맛이 더 발산되기도 하고, 덜 발산되기도 한다.

이렇게 로스터들에 의해 신맛이 더 발산되고 아로마를 더 표현하기 위해 1차 크렉의 진행을 빨리 진행되게 하거나, 신맛을 낮추고 단맛을 높이기 위해 일차 크렉을 천천히 진행하게 프로 파일을 만들기도 한다.

이러한 프로파일의 움직임을 바리스타는 로스터에게 정보를 받든가 아니면 자신만의 추출 시스템을 구축하여 프로파일의 진행을 분석할 수 있는 능력을 키워야 한다(가장 이상적인 바리스타는 직접 로스팅을 하는 바리스타라면 더더욱 좋을 듯하다).

또한 프로파일뿐만 아니라 품종의 특징 또한 이해해야 하는데, 필자의 저서 《권대옥의 로스팅 커피》 chapter 1에 보면 품종의 향미 특징이 있으니 참고하면 될 듯하다.

다시 말해 바리스타는 로스팅 프로파일의 다양성과 품종의 향미 발산 정도와 가공처리 과정의 특징을 이해해야 완벽한 싱글오리진 에스프레소를 추출할 수 있다.

로스팅 프로파일에 따른 다양한 로스팅 포인트를 **싱글오리진 에스프레소**로 추출하는 방법

01 케냐 sl28품종 약볶음(city+)

동아프리카를 대표하는 케냐 sl28품종을 washed 가공 처리 과정으로 처리된 약볶음(city+) 커피를 에스프레소로 추출하는 방법

1. 1차 크렉이 6분에 도달을 했을 경우 약볶음 city+ 케냐 커피를 에스프레소로 추출하는 방법

약볶음인 케냐 커피를 에스프레소로 추출하기 전에 사전주입 단계를 사용할 수 있는 머신인 경우다.

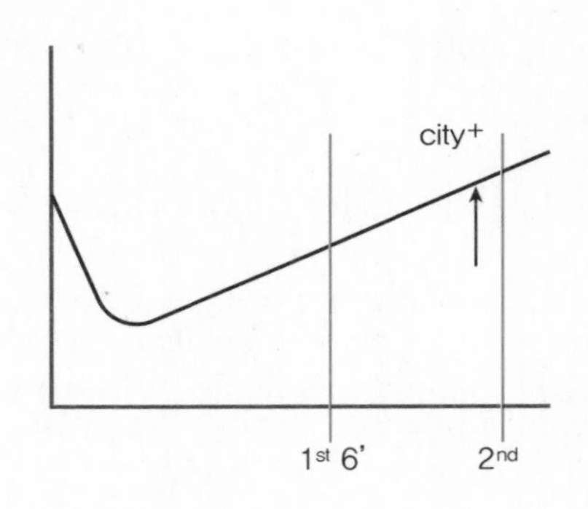

A. 사전주입 시점(뜸): 저압 상태의 뜸 시점

사전주입 단계를 사용하면 바스켓 안에 있는 커피 입자들을 천천히 뜸 들이게 되어 입자층이 균일한 자리 배치를 하게 된다.

입자 간에 이산화탄소가 방출되며, 커피 입자 속의 고형 성분이 빠

져 나오기 시작한다.

입자 간의 간격이 또한 좁아지고 입자층이 부풀어 오르면서 추출 준비를 하게 된다.

이때 사전주입 시간을 조율할 수 있는 가변압 머신이면서 유량 조절 시스템을 가지고 있는 머신이라면 사전주입 시간을 마음대로 조율할 수 있다.

이처럼 1차 크렉이 6분에 도달한 케냐 약볶음 커피를 사전주입 시간을 30초 이상 늘려 줌으로써 단맛을 증가시키는 방법이지만, 1차 크렉이 빨리 진행된 포인트이기 때문에 신맛이 과도해지고 단맛이 적어지며 나무맛 같은 떫은맛이 발생하게 된다면 로스팅 프로파일을 조정해야 한다.

B. 압력 증가 시점

보통 머신들은 사전주입 단계가 없기 때문에 압력 증가 시점에서부터 추출 시점까지 커피 입자층을 통과하여 물의 흐름이 증가된다.

에스프레소를 추출할 때 압력을 9기압에서 12기압까지 증가시켜 추출 테스팅을 하게 될 때 발생하는 상황이 추출 흐름이 증가하지 않고, 일정하게 유지되거나 또는 감소하는 현상을 볼 수 있다.

이렇듯 압력을 증가시켰을 때 추출 속도가 증가하지 않는 이유는 입자 간의 부풀림이 증가하고 추출 틈이 좁아지면서 입자 간의 자리이동으로 미분이 아래쪽을 자리배치하게 되어 추출 흐름을 방해하게 되기 때문이다.

(필자가 슬레이어 머신으로 0기압에서 사전주입을 하는 유량조절 시스템을 적용해 뜸을 들인 후 압력 증가 시점과 추출 시점을 거쳐 추출하는 시스템을 만들었던 것을 사전주입 없이 바로 압력 증가 추출 시점으로 추출하게 되었을 때 오히려 입자층이 세정화되면서 미분의 이동으로 추출 흐름을 방해받아 추출력이 떨어지는 현상이 발생했다.)

다시 말해 가변압을 사용할 때의 입자와 사용하지 않고 바로 압력 증가 시스템을 사용할 때의 입자 굵기는 상당한 차이를 보인다.

C. 추출 시점

신맛이 자극적으로 발생할 수 있는 프로파일과 포인트이기 때문에 추출 시간을 늘려 주어서 자극되는 신맛을 완화해 주어야 하는데, 추출 시간을 10초에 10ml, 20초에 20ml, 30초에 30ml로 추출해서 신맛의 자극을 조율해야 한다.

추출 시점에서 9기압은 확산 작용보다는 세정 작용이 더 많이 발생되지만, 드립에서처럼 추출하는 사람의 주입량에 따라 확산 작용을 더 많이 할 수도 있고, 세정 작용을 더 많이 할 수도 있다.

그러나 에스프레소에 9기압의 강력한 압력은 확산 작용보다는 세정 작용의 발생이 더 많기 때문에 사전주입의 필요성과 입자의 굵기가 중요하며 정교한 그라인더가 필요한 것이다.

이렇듯 사전주입 시점을 30초 이상 늘려 줌으로써 과도한 신맛을 단맛이 형성되게 만들어 주고 압력 증가 시점 이후 추출 시점에서 추출양을 늘려 주는 방법으로 자극적인 신맛을 완화할 수 있다. 결과적으로 1차 크렉이 너무 빠르게 진행되지 않도록 로스팅 프로파일을 만들어야 하며, 테스팅 결과 신맛이 너무 강하고 단맛이 약하고 또한 떫고 나무 같은 맛이 난다면 로스팅 프로파일을 조정해야한다.

2. 1차 크렉이 9분에 도달했을 경우 약볶음 city+ 케냐 커피를 에스프레소로 추출하는 방법

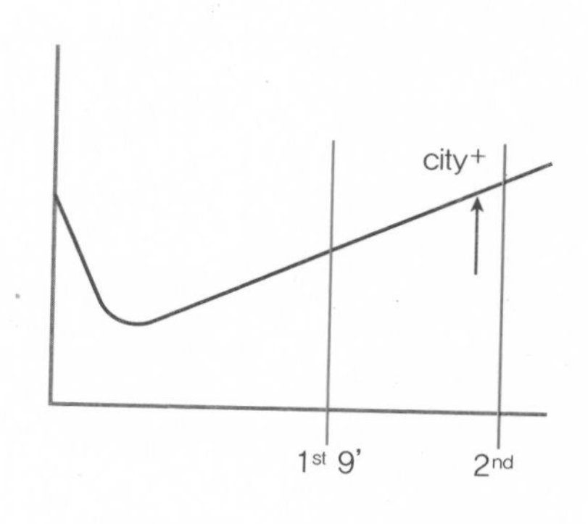

사전주입이 가능한 가변압 머신을 사용한다면 보다 안정적인 뜸의 효과를 볼 수 있는데, 압력이 유량 조절 시스템인 경우는 사전주입 시 물의 흐름에 의해 입자의 분포가 천천히 적셔져 미분의 이동 또한 조율할수 있고, 수로현상(물길현상) 또한 안정적으로 제분배할 수 있다.

만약 가변압 머신이지만 유량 조절 시스템이 아니라면 3기압 정도의 압력으로 사전주입이 진행되는데, 아무래도 유량 조절보다는 미분의 움직임이 발생할 수 있다.

이때는 유량 조절 시스템의 입자와 3기압의 유압 조절 시스템의 입자의 조절이 필요하다. 3기압의 압력으로 사전주입할 때는 유량 조절 입자보다는 조금 굵은 것이 유리하다.

결과적으로 사전주입은 미분이동을 제한할 수 있어 균일한 추출을 만들 수 있는 장점이 있다. 만일 사전주입이 아닐 경우는 입자 조절을 자주 체크해서 추출을 조율해야 한다.

사전주입 머신은 보다 가늘게 분쇄하며 입자 간의 간격이 좁아져서 미분의 움직임을 조율할 수가 있고, 흐름도 느려지게 할 수 있다. 단 커피 양을 조금 줄이면 조금 느려지는 흐름 속도를 안정화할 수 있다.

1차 크렉이 9분대에 도달한 케냐 sl28 washed city+ 약볶음 포인트는 신맛과 단맛이 안정화된 포인트이다. 사전주입(뜸)의 시점으로 뜸을 들이면 신맛과 단맛을 균형 있게 추출할 수 있는 뜸의 시간을 정할 수 있다.

뜸이 시간이 길수록 신맛과 단맛을 추출하기가 유리해진다. 뜸의 시간은 20초, 30초, 40초로 정했을 때, 즉 뜸 시간이 길수록 미분의 커피층과 입자에 고르게 물을 분배할 수 있고, 입자 속의 이산화탄소가 방출이 되면서 입자들끼리의 간격이 좁아져서 미분의 이동을 제한하며 압력 증가 시점과 추출 시점에서 보다 안정화된 에스프레소 추출 상황을 만드는 데 도움이 된다.

● 사전주입(뜸) 시간이 20초인 경우

신맛이 조금 강해지고 향이 다채로워지는 뜸의 시점이다. 압력 추출 이후 추출 시점에서 추출액의 점성이 10초 동안 짙은색을 보이며 추출이 된다. 20초 정도 추출이 진행되며 짙은색이 밝아지면서 25초 정도, 25ml 정도에서 노란색으로 바뀔 때 추출을 멈추는 것이 에스프레소 농도를 균일하게 만드는 방법이다. 조금 더 추출한다고 해도(30초, 30ml 정도 추출) 농도만 조금 흐려지는 것이지 향미가 변하지는 않는다.

● 사전주입(뜸) 시간이 30초인 경우

신맛보다는 단맛이 증가해지는 뜸의 시점이다. 압력 추출 시점 이후 추출 시점에서 추출액의 점성이 10초 동안 짙은색을 보이며 추출이 되는데, 뜸 20초 들인 것보다 10초 이상의 지속성을 보인다. 20초 정도의 추출이 진행되면 추출액이 밝아지고, 25초 정도에서 25ml 정도에 추출을 끝내면 20초 뜸 들인 것보다 단맛이 강해진다.

● 사전주입(뜸) 시간이 40초인 경우

신맛은 많이 완화되고 단맛과 점성이 강해지는 뜸의 시점이다. 압력 추출 시점 이후 추출 시점에서 추출액의 점성이 15초 이상 짙은색을 보이다가 25초 정도에서 25ml 정도 추출 진행을 끝내면 신맛과 단맛의 균형감과 여운이 길어지고 바디감과 촉감이 깊어진다. 보통 우리가 알고 있는 에스프레소 추출은 7g에 9기압 30초에 30ml 또는 14g에 9기압 30초에 30ml 정도 생각하지만, 사전주입 시스템은 뜸의 시간을 다양하게 늘릴 수 있고, 뜸 시간(10초, 20초, 30초, 40초 등) + 추출 시간(20초, 30초, 40초)으로 해서 총 추출 시간이 1분을 넘는 경우도 있다. 이러한 이유는 뜸의 효율성을 적용해 더 깊이 있는 단맛과 향을 표현하려는 것이다.

3. 1차 크랙이 12분에 도달했을 경우 약복음 city+ 케냐 커피를 에스프레소로 추출하는 방법

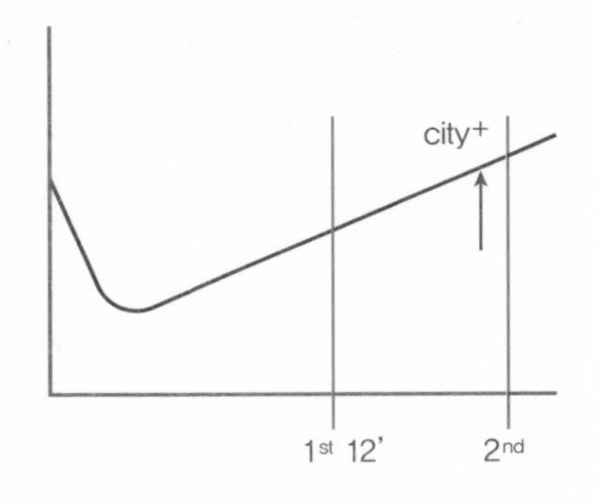

약복음 케냐 커피를 12분대에 로스팅 프로파일을 만드는 이유는 신맛을 가감시키기 위한 것이다.

많은 로스터들의 고민 중 다양한 향을 표현하고 9기압의 압력에서 강렬해지는 동아프리카 커피들의 신맛을 낮추기 위해 로스팅 프로파일을 저온 로스팅으로 하는 경향이 있다. 이 또한 신맛을 안정적으로 만드는 방법인데, 자칫 단맛을 놓칠 수도 있기 때문에 주의해야 한다.

바리스타 입장에서 사전주입 머신이 아닌 압력 증가 추출 머신을 사용한다면 약볶음된 동아프리카 커피들을 컨트롤하는 데 많은 어려움을 가질 것이다.

로스팅 프로파일에서 신맛을 조율하든지 아니면 바리스타가 추출력으로 신맛을 조율해야 하기 때문이다. 사실 로스터에 의해 맛이 결정되기 때문에 바리스타 입장에서는 한계점이 있기 마련이다.

이처럼 12분 때 1차 크랙이 도달하도록 로스팅 프로파일을 만들었다면 바리스타는 신맛을 최대한 표현해 주는 것이 오히려 더 좋은 커피를 만드는 데 유리하다.

사전주입 시점(뜸)에서 저압 상태로 뜸을 들일 때 얼마만큼의 시간으로 뜸을 들일 것인가가 관건이다. 이렇듯 1차 크랙이 12분 때의 프로파일인 경우는 뜸 시간을 최대한 짧게 하는 것이 신맛을 표현하는 데 좋은 방법이며 쓴맛이 느껴지는 상황을 감소시킬 수 있다.

사전주입 시간을 10초 정도로 해주면 압력 증가 시점에서 추출 시점까지의 커피 추출액의 진액이 짙은 색으로 추출되어야 신맛을 강렬하게 뽑아낼 수 있게 되고, 쓴맛이 표현되는 것을 감소시킬 수 있게 된다. 다시 말해서 로스팅 프로파일이 12분대의 오게 되면 쓴맛 또한 표현될 수 있기 때문이다. 압력 증가 시점에서 추출 시점까지 20ml 안팎으로 추출해 주는 것이 신맛과 단맛의 균형과 쓴맛의 감소를 만들 수 있게 된다. 12분대의 프로파일의 약볶음 city+ 케냐 커피는 사실 향미적인 부분에서 9분대의 프로파일에 비해 다채롭지는 않다.

02 케냐 sl28품종 중볶음(city+)

동아프리카를 대표하는 케냐 sl28품종을 washed 가공 처리 과정으로 처리된 중볶음(full city) 커피를 에스프레소로 추출하는 방법

1. 1차 크랙이 6분에 도달했을 경우 중볶음(full city) 케냐 커피를 에스프레소로 추출하는 방법

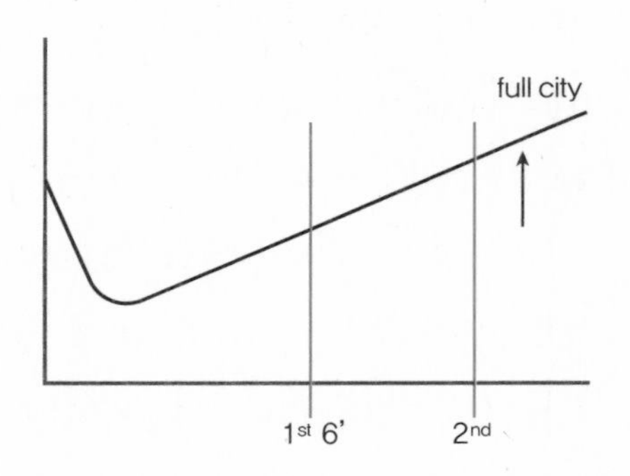

중볶음으로 볶은 케냐 full city 커피를 에스프레소로 추출하는 방법을 소개하면 1차 크랙이 6분에 도달해서 중볶음까지 도달된 포인트이기 때문에 쓴맛이 표현되는 포인트이지만, 신맛 또한 어느 정도 표현될 수 있는 프로파일이다. 다시 말해 신맛을 얼마나 추출하느냐가 바리스타의 몫이다.

쓴맛이 너무 지나치게 표현되면 캐러멜화되는 되는 향과 크리미

한 촉감 또한 줄어든다. 신맛을 최대한 살려서 당분의 향과 촉감을 표현할 수 있다면 매력적인 에스프레소를 표현할 수 있다.

사전주입 시점에서 바리스타가 명심해야 할 것은 쓴맛이 나게 볶아져 있는 중복음 포인트이기 때문에 무조건 쓴맛만 표현하는 것이 아닌 것이다. 사전주입이 가능한 머신이라면 사전주입 시간을 늘려야 한다. 그래야 압력 증가 시점 이후 추출 시점에서 쓴맛의 성분을 조율할 수 있게 된다.

사전주입 시점(뜸) 저압 상태의 뜸 작업으로 커피 입자에 서서히 주입되면 입자층이 균일해지면서 커피층의 입자가 자리 배치가 이루어진다.

이때 사전주입 시간을 길게 할수록 유리한데, 뜸 시간을 20초에서 30초 정도까지 끌게 되면 압력 증가 시점에서 추출 시점까지 짙은 커피액을 추출할 수 있게 된다.

이때 10초 정도 추출되는 커피액이 쓴맛을 낮출 수 있는 핵심 성분인 신맛과 점성이다. 또한 중복음 커피는 약복음 커피에 비해 크레마의 두께가 두껍지 않으므로 크레마의 유지가 중요하다.

크레마 상태가 아라비카 품종보다 로브스타 품종이 더 많이 형성되며, 크레마의 색이 너무 밝은 것은 온도가 너무 낮거나 입자가 너무 굵어서 나는 현상이고, 크레마가 너무 빨리 사라지는 것은 입자 굵기가 굵게 되면 발생하며 크레마의 색이 너무 짙거나 오히려 크레마 중앙에 크레마가 얇은 경우는 입자가 너무 미세하거나 온도가 너무 높아서 과다 추출이 발생했기 때문이다.

가변압 머신이 아닌 일반 머신을 사용해 크레마를 형성할 때는 너무 미세하게 분쇄하지 않고 템핑 조절의 힘 조절과 수평 유지를 해주어야 크레마의 형성도가 두꺼워진다.

분쇄 입자의 굵기가 너무 미세하지 않은 굵기로 압력 추출 시점에서 미분 이동을 제한하면 자리 배치를 하기 때문에 사전주입 머신이 아닌 경우에 입자 조절로 추출 효과를 볼 수 있지만, 사전주입 머신이 완벽한 에스프레소를 추출할 성공률이 더 높다.

2. 1차 크렉이 9분에 도달했을 경우 중복음(full city) 케냐 커피를 에스프레소로 추출하는 방법

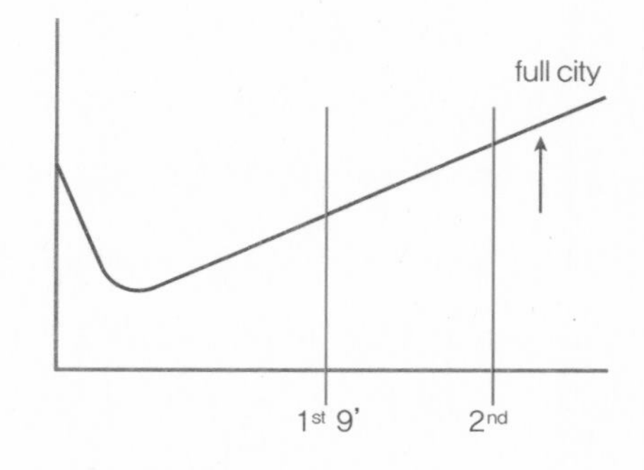

1차 크렉이 9분에 도달한 케냐 커피를 중볶음까지 로스팅을 하면 신맛, 단맛, 쓴맛의 조화가 좋은 시점이다.

향의 다양성은 약볶음에 비해 줄어 있지만 맛, 바디, 촉감이 탁월한 포인트이다.

이때 바리스타가 신맛과 단맛을 추출할 수 있는 시스템을 구축해야 하고, 점성 또한 추출이 가능하게 추출하기 위해서는 9기압의 압력으로 추출해야 하는데, 추출 증가 시점과 압력 추출 시점에서 추출 시간을 최대한 짧게 추출하는 것이 유리하다.

에스프레소 양이 적게 추출되기 때문에 크레마 추출액의 비율이 그리 많지 않게 된다. 이럴 때 커피 양을 더 사용해서 도피오리스트레토로 추출하는 것이 오히려 더 맛있는 에스프레소를 만들 수 있게 된다.

사전주입 시점(뜸)의 활용으로 안정화된 에스프레소를 추출하고자 목적을 두는 것이다. 사전주입의 가장 큰 장점은 입자층의 재분배와 미분이동의 억제에 있고, 추출 시점에서의 확산 작용을 조금이나마 활용하고자 하는 데에 있는 것이다.

사전주입 시점의 시간을 길게 할수록 추출 압력 시점에서 효과를 볼 수 있는데, 어느 정도 길게 할 것인가가 중요하다. 여러 테스팅을 해본 결과 30~40초 정도의 사전주입은 추출 압력 시점의 추출액을 깊이 있게 추출하는 데 유리하다.

입자층을 통과해서 추출 시점까지 도달하게 만드는 압력 증가 시점의 효과를 높일 수 있는 것도 사전주입 시점의 시간을 얼마나 조율할 수 있느냐인데, 가변압 머신의 유량 조절 시스템은 유량 조절에 의해 사전 주입 시간을 조율할 수 있다.

40초 정도의 사전주입 이후 추출 시점에서의 추출 양을 20ml 정도가 되게 하는 것이 쓴맛의 중볶음 케냐 커피를 신맛, 단맛, 촉감 등을 추출하는 데 유리해지는 추출 비율 방법이다.

3. 1차 크렉이 12분에 도달했을 경우 중볶음(full city) 케냐 커피를 에스프레소로 추출하는 방법

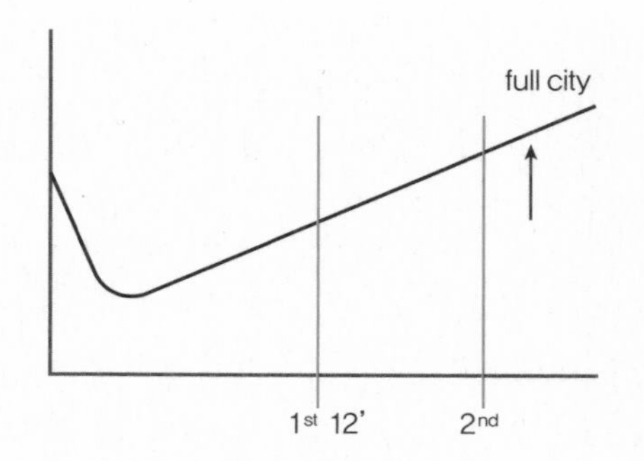

1차 크렉이 12분에 도달한 케냐 중볶음 커피는 일단 신맛에 대한 부분이 상당히 감소되어 있는 프로파일이다.

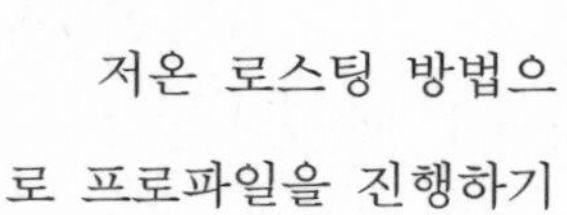

저온 로스팅 방법으로 프로파일을 진행하기 때문에 향미에 대한 부분도 균일하게 만들기 위한 프로파일이며 포인트이다.

하지만 쓴맛이 과도하게 진행될 수 있는 프로파일 상태라면 흡열단계에서 열량 공급에 대한 부분도 체크해야 된다.

다시 말해 열량 공급이 부족할 수 있다는 말이다. 즉 100퍼센트의 열량을 주지 못한 상황이다. 신맛과 단맛이 적고 쓴맛이 과도하게 진행될 수 있기 때문에 바리스타는 사전주입 시점을 길게 할수록 9기압의 압력 시스템을 최대한 활용할 수 있다.

사전주입(뜸) 시점에서 유량 조절 시스템으로 뜸 시점의 시간을 30~40초 정도로 길게 늘려 주면 압력 추출 시점에서 추출 시점으로 진행할 때 신맛과 단맛의 진액 추출이 가능해지는데 10초 정도 10ml

추출 이후 5~10ml 정도만 더 추출해서 20ml의 에스프레소를 완성한다면 쓴맛의 단점을 최대한 보완할 수 있다.

03 케냐 sl28품종 강볶음(city+)

동아프리카를 대표하는 케냐 sl28품종을 washed 가공 처리 과정으로 처리된 강볶음(french) 커피를 에스프레소로 추출하는 방법

1. 1차 크랙이 6분에 도달했을 경우 강볶음(french) 케냐 커피를 에스프레소로 추출하는 방법

강볶음된 케냐 커피는 쓴맛을 어떻게 절제할 것인가가 중요한 추출 포인트이다.

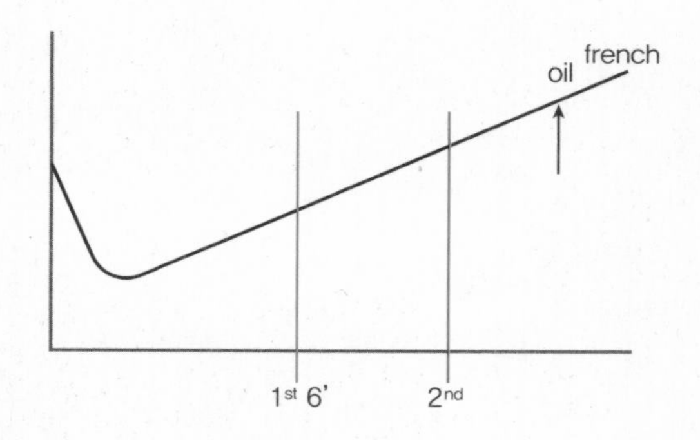

신맛과 점성이 쓴맛을 완화시키는 역할을 한다면 크레마의 역할 또한 중요하다.

약볶음이나 중볶음에 비해 강볶음의 크레마층은 적기 때문에 강볶음에 쓴맛을 보완하는 데는 약간의 한계가 있다. 이럴 때 바리스타는 사전주입에 대한 시점을 잘 잡아야 하는데 쓴맛을 최대한 감소시키

기 위해서는 입자층의 안정화와 미분 이동의 제한이 필수적이다.

강볶음 커피의 미분은 약·중볶음보다 같은 입자의 그라인더 분포도라면 더 가늘어질 수 있기 때문에 강볶음 전용 그라인더를 사용하는 것이 유리하다.

사전주입 시점에서 사전주입 시간을 늘려 주면 압력 증가 시점과 추출 시점에서 진한 진액을 추출할 수 있는 조건을 만들 수 있다.

사전주입 시간을 10초로 했을 경우 신맛이 추출되는 시점이 짧아 압력 증가 시점과 추출 시점에서 추출 진액을 조율하는 것이 효율적이지 못하다. 이 말은 신맛의 추출량이 적기 때문에 쓴맛을 감소시킬 수 있는 상황을 만들지 못해 에스프레소가 쓴맛이 강해진다는 것이다.

사전주입 시간을 20초로 했을 경우 입자의 재분배 시간이 길어져서 미분의 이동을 제한할 수 있게 되므로 압력 증가 시점과 추출 시점에서 신맛과 점성을 추출하는 데 더욱 유리해진다.

추출 시간을 10~20초 정도 20ml 정도 추출하면 신맛과 점성의 조합으로 쓴맛을 더욱 부드럽게 표현할 수 있다.

사전주입 시간을 30~40초로 했을 경우 입자의 재분배 시간은 더욱 천천히 진행되며 미분의 이동또한 더 많이 제한할 수 있게 된다.

여기서 신맛을 추출하는 추출 시점에서 10초와 20초대의 사전주입 시점보다 더 짙은 농도의 추출색을 볼 수 있게 된다. 다시 말해 더 진한 신맛과 점성이 추출되고 있다는 것이다.

사전주입 시간이 길어지면 상대적으로 신맛과 점성의 추출 상황도 농후해져서 강볶음인 커피의 쓴맛을 더욱 부드럽게 만들 수 있다. 단 추출량을 20ml 이하로 하는 것이 더 좋은 강볶음 에스프레소를 표현하는 방법이다.

6분대에 1차 크렉이 시작된 케냐 강볶음 에스프레소는 9~12분대에 비해 1차 크렉이 빨리 진행이 되어 흡열 반응이 너무 과해질 수 있다.

흡열 반응이 과해진다는 것은 신맛이 더 강하게 표현될 수 있다는 것이고, 이런 프로파일이 약볶음에서 포인트를 정한다면 신맛이 너무 강해지는 상황이 발생하게 된다.

다시 말해 신맛이 많은 지역의 동아프리카 케냐 커피가 신맛이 강하게 프로파일이 진행되고 약볶음 포인트로 포인트를 잡게 되면 9기압 압력으로 추출이 진행되면서 신맛의 밸런스가 너무 날카롭게 표현될 수 있다는 것이다.

그러나 이러한 프로파일이 강볶음 포인트로 진행이 되면 오히려 신맛이 강하게 움켜쥐고 있어 9기압의 압력과 사전주입 추출량의 소량화가(20ml 이하) 쓴맛을 더욱 절제할 수 있게 하는 프로파일이 될 수 있다.

여기서 주의할 점은 무작정 1차 크렉을 빨리 진행되게 흡열을 과하게 하는 것이 아니다.

즉 신맛과 단맛이 어우러질 수 있는 흡열과 발열의 반응을 조화롭게 만들 프로파일이 필요한 것이다. 바리스타는 무한한 테이스팅과 로스팅의 연구를 병행하여 에스프레소를 테스팅해야 한다.

> 끊임없이 연구와 노력하는 바리스타는 완벽한 에스프레소를 만들 자격이 있다.

2. 1차 크렉이 9분에 도달했을 경우 강볶음(french) 케냐 커피를 에스프레소로 추출하는 방법

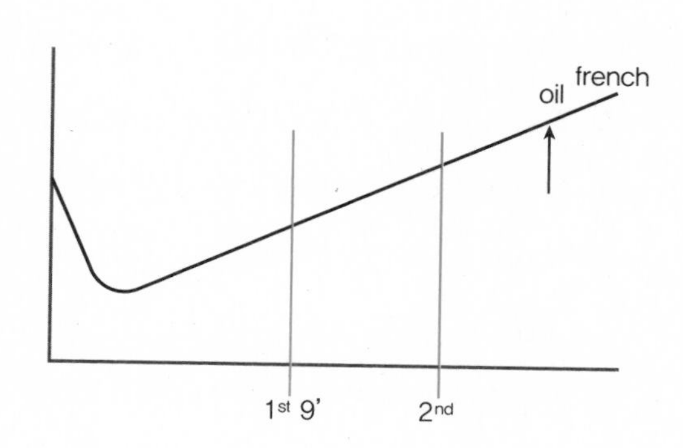

1차 크렉이 9분대에 도달한 강볶음 케냐 커피를 에스프레소로 추출하는 방법으로 쓴맛을 완화시키기 위해 사전주입 시간이 중요하다고 앞에서 계속 언급한 바가 있다.

사전주입 시점의 시간을 늘린다는 것은 물의 흐름 속도를 천천히 증가시켜 입자 간에 간격을 최소화하고 압착 관계를 유지하며 미분 활동을 제한하기 위함이다.

많은 연구 결과 프로파일이 안정화되면 사전주입 시간 또한 너무 길게 하지 않아도 좋은 에스프레소를 만들 수 있다는 것이다.

보통 10~40초에 대한 사전주입을 테이스팅하게 되면 20초대의 사전주입 시점 이후 추출 시점의 성분 조합이 더 매력적이긴 하지만, 10초대의 사전주입 또한 신맛, 단맛, 쓴맛의 조화와 점성이 좋은 에스프레소를 만들 수 있는 조건이 되기도 한다.

여기서 중요한 점은 1차 크렉이 빨리 오거나 늦게 오게 되면 과한 열량에 의한 신맛과 떫은맛, 부족한 열량에 의한 쓰고 떫고 텁텁하며 맛의 조화를 형성하지 못하는 상황을 만들곤 한다.

맛의 조화란 필자의 견해로는 단맛을 얼마나 잘 형성하는가에 달렸다. 얼마만큼 단맛을 형성할 수 있느냐가 로스팅 프로파일에서 중요한 점인데, 바리스타가 주의해야 할 점은 9기압의 압력, 사전주입, 추출 온도, 추출량의 조화와 얼마나 잘 균형감 있게 추출해 내느냐 하는 점이다.

로스팅 프로파일이 안정화되면 사전주입 시점이 다소 짧아도 추출 밸런스가 좋아진다. 하지만 단맛을 증가시키고 촉감을 향상시키고자 한다면 사전주입 시간을 늘리는 것이 더 좋다.

3. 1차 크렉이 12분에 도달했을 경우 강복음(french) 케냐 커피를 에스프레소로 추출했을 경우

1차 크렉이 12분대에 도달한 저온 로스팅 케냐 강복음 커피는 신맛 자체가 적게 시작된 흡열 로스팅 프로파일이다.

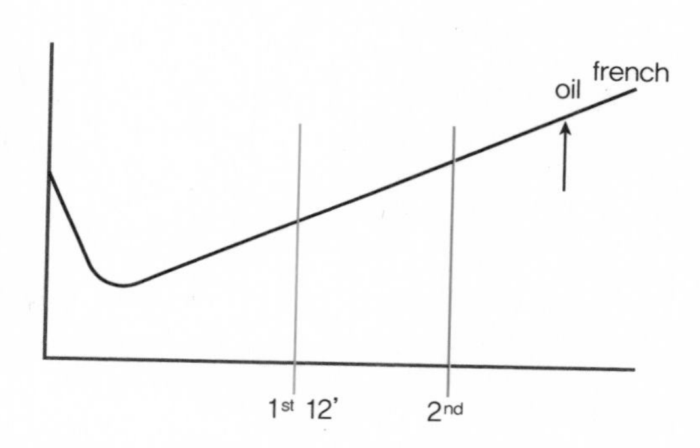

이런 프로파일로 진행된 강복음 커피를 바리스타 입장에서 쓴맛을 조율하기란 상당히 어려운 부분이다. 사전주입 시간을 최대한 늘려주는 방법을 연구해야 한다.

필자는 사전주입을 1분 20초까지 해본 적이 있는데, 압력 증가 시점에 추출 시점에 도달하면 추출량을 15ml 정도로 최소화해야 조금의 양질의 쓴맛을 추출할 수 있다.

다시 말해 미분의 이동을 극도로 제한하고 물의 흐름을 최대한 억제하는 사전주입의 추출 시점에서의 신맛과 점성을 추출해 낼 수 있게 된다. 하지만 프로파일상 신맛을 감소시켜 놓았기 때문에 강복음 포인트에서 신맛을 추출해 내기란 일반 머신으로는 상당히 변수가 많아진다.

입자의 분쇄 정도를 조율해야 하고 템핑 정도를 균일하게 추출시스템을 만들어야 하는데, 입자의 공극 상태가 상당히 촘촘하기 때문에 물의 흐름이 원활하지 못할 수가 있게 된다.

이럴 때는 커피 양을 조금 줄여 추출 효율을 조금 높일 수는 있지만, 사전주입이 없는 일반 머신으로는 쓴맛을 완화시키기란 상당히 어려워지는 것이다.

다양한 볶음도에 따라 **온도 변화**를 주었을 때 **에스프레소**를 추출하는 방법

01 이디오피아 이가체프 코케 약볶음 washed 처리 방식

이디오피아 이가체프 코케 지역의 재래 품종을 washed로 가공 처리한 약볶음(city) 포인트로 정해진 상태에서 추출 온도를 95도, 90도, 85도로 온도 변화를 주었을 때 어떤 영향이 미치는지 테이스팅하게 되면 볶음도의 온도 설정을 만들어 낼 수 있다.

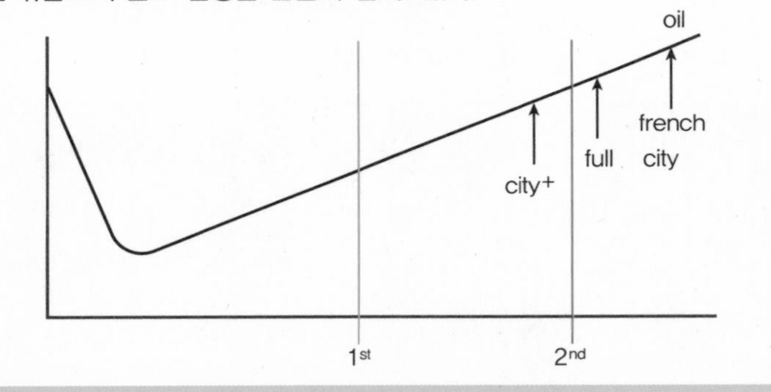

1. 약볶음(city) 포인트로 정해진 이디오피아 이가체프 코케 washed 처리 방식을 95도로 추출했을 경우

사전주입(뜸) 시간을 40초 이상 해주는 것이 과도한 신맛을 억제할 수 있는 방법이다.

95도의 높은 온도에서 사전주입 시간이 길어지면 단맛이 농후해지기 때문에 뜸 시간을 길게 하고 추출 시점에서 추출색이 노란색으로 바뀌게 되면 추출을 멈추는 것이 이상적이다.

약볶음 이디오피아 washed 처리된 재래 품종을 95도 온도로 추출할 때 사전주입 시간을 길게 하고 추출 시점의 추출량을 30ml로 늘려 추출 밸런스를 표현하는 것이 높은 온도에서의 신맛과 긴 사전주입에 의해 단맛의 조화를 표현하는 데 유리해진다.

2. 약볶음(city) 포인트로 정해진 이디오피아 이가체프 코케 washed 처리 방식을 90도로 추출했을 경우

사전주입(뜸) 시점을 30초 이상 늘려 줌으로써 신맛과 단맛을 추출해 주는 방법이다.

95도의 온도에 비해 90도의 온도에서 사전주입 시간을 30초 정도 늘려 주면 입자층의 온도 변화가 서서히 진행되기 때문에 급격하게 신맛이 상승하지 않고 단맛을 형성할 수 있는 시간적인 안배가 된다.

신맛은 높은 온도에서 증가하고 사전주입 시간이 길어질수록 상대적으로 단맛 또한 많이 추출되며 추출 시점에서 성분 추출이 농후해지게 된다.

약볶음 이디오피아 커피를 washed로 처리된 재래 품종을 90도 온도로 추출할 때 사전주입 시점을 30초 정도로 늘려 주는 것이 신맛을 안정적으로 추출할 수 있는 방법이다.

즉 너무 자극적이지 않게 추출할 수 있게 되는데 추출량을 30ml 정도 추출해 주어야 신맛과 단맛의 조화가 상승한다.

3. 약볶음(city) 포인트로 정해진 이디오피아 이가체프 코케 washed 처리 방식을 85도로 추출했을 경우

사전주입(뜸) 시간을 20초 정도 하는 것이 신맛을 안정적으로 추출할 수 있는 준비 작업이다. 만일 더 긴 사전주입을 하면 오히려 낮은 온도이기 때문에 단맛의 형성이 부족해진다.

에스프레소 약볶음에 온도가 낮기 때문에 신맛과 단맛을 추출해 낼 때 밋밋한 경향이 발생할 수 있게 된다.

부드러운 에스프레소를 표현할 때는 어느 정도 가능한 맛을 느낄 수 있지만, 사실 높은 온도의 성분을 추출해 내는 것이 더 다양한 맛과 향을 표현할 수 있는 방법이다.

추출량을 10초에서 짙은색이 추출된 이후 20ml 정도 추출하게 되면 신맛을 뽑을 수도 있다. 하지만 추출 온도가 낮은 원인으로 균형 있는 에스프레소가 추출되는 것이 어려워진다.

02 이디오피아 이가체프 코케 약볶음 natural 처리 방식

> 이디오피아 이가체프 코케 지역의 재래 품종을 natural로 가공 처리한 약볶음(city) 포인트로 정해진 상태에서 추출 온도를 95도, 90도, 85도로 온도 변화를 주었을 때 어떤 영향이 미치는지 테이스팅하게 되면 볶음도의 온도 설정을 만들어 낼 수 있다.

1. 약볶음(city) 포인트로 정해진 이디오피아 이가체프 코케 natural 처리 방식을 95도로 추출했을 경우

사전주입(뜸) 시간을 40초 이상 해주는 것이 신맛이 상승되는 것을 조율할 수 있고 단맛을 좀 더 많이 추출할 수 있는 준비 작업이다.

가공 처리 과정이 natural 처리이기 때문에 washed 처리 과정에 비해 단맛의 형성이 더 많다.

그래서 40초로 뜸을 들여도 신맛이 그리 과도해지지는 않는다.

추출 시점에서 25ml 정도로 추출량을 정하면 신맛이 조금 더 농후해지기 때문에 신맛과 단맛의 조화도 좋게 되고 30ml 정도 추출하게 되면 조금 부드럽게 표현할 수 있게 된다.

washed와 natural의 신맛과 단맛의 조율은 natural의 단맛과 바디감의 구성이 좀 더 탁월하다.

2. 약복음(city) 포인트로 정해진 이디오피아 이가체프 코케 natural 처리 방식을 90도로 추출했을 경우

사전주입(뜸) 시간을 30초 정도 뜸을 들여 물의 흐름을 조율하면 입자 간에 간격과 미분이동을 조율할 수 있게 되고, 사전주입으로 인한 입자 간의 안정화에 따라 압력이 증가하는 시점부터 추출 시점에 도달했을 때 신맛이 많이 추출되는 시점이다. 하지만 사전주입 시간이 30초에 의해서 신맛이 과해질 수도 있지만 90도의 추출 온도이기 때문에 신맛은 95도에 비해 강해지지는 않게 된다.

30초의 사전주입에 의해 단맛 또한 추출이 되어 상호 조화로운 균형감 있는 맛과 향이 추출이 된다.

추출량을 25ml 정도 추출하면 30ml 추출하는 것에 비해 단맛을 유지하는 데 좋은 조건을 만들 수 있다.

단 추출 온도가 90도이기 때문에 신맛이 추출되는 추출 온도가 95도에 비해 다소 약해지는 경향이 있지만, 바리스타는 추출 온도의 설정을 90~93도 등 다양한 테이스팅을 통해 신맛과 단맛의 조화를 이룰 수 있는 결과물을 만들어야 한다.

3. 약볶음(city) 포인트로 정해진 이디오피아 이가체프 코케 natural 처리 방식을 85도로 추출했을 경우

추출 온도를 85도로 설정하면 전체적인 성분 추출이 밋밋하게 추출되는 경향을 보인다.

사전주입(뜸) 시점을 최대한 늘린다고 해도 고온에서의 성분을 추출하는 것이 사실 에스프레소의 매력을 발산하는 데는 더 탁월하지만, 온도가 85도이기 때문에 다소 밋밋하다.

특히 이렇게 약볶음된 이디오피아 커피를 washed나 natural로 가공처리 방식을 달리했을 경우 농부의 입장에 로스터가 그 의미를 부여해 주는 것이 중요하다.

washed 처리 방식은 산뜻한 아로마와 상쾌한 신맛과 단맛이 표현되게 하는 포인트이고, natural 처리 방식은 다채로운 아로마와 중후한 신맛으로 포인트를 정해 주는 것이 특징이다. 사실 두 가공처리 과정을 로스팅 포인트 또한 조금 차이가 있는데, washed 처리 과정이 natural 처리 과정보다 조금 밝게 표현해도 무방하다.

이렇듯 natural 처리된 이디오피아 커피를 85도로 사전주입을 하면 사전주입 시간을 40초 정도로 늘려 줌으로써 입자 간의 성분을 최대한 고르게 뜸을 들여 신맛을 늘려 주게 되었을 때 신맛과 단맛이 조금은 진한 진액으로 추출할 수 있지만, 90도 이상의 추출 온도에 비해 다소 밋밋해지는 결과를 얻을 수 있다.

특히 약볶음된 커피들이기 때문에 물에 온도가 다소 낮으면 성분 추출력이 다소 부족한 결과를 얻을 수 있다. 또한 약볶음된 커피는 입자의 밀도가 단단하기 때문에 추출 온도를 높여 주는 것이 성분을 추출하는 데 유리하다.

30ml 정도 추출하면 가벼운 에스프레소만 느껴진다.

03 이디오피아 이가체프 코케 중볶음 washed 처리 방식

이디오피아 이가체프 코케 지역의 재래 품종을 washed로 가공 처리한 중볶음(full city) 포인트로 정해진 상태에서 추출 온도를 95도, 90도, 85도로 온도 변화를 주었을 때 어떤 영향이 미치는지 테이스팅하게 되면 볶음도의 온도 설정을 만들어 낼 수 있다.

1. 중볶음(full city) 포인트로 정해진 이디오피아 이가체프 코케 washed 처리 방식을 95도로 추출했을 경우

사전주입(뜸) 시간을 30초 정도 정해 주면 중볶음 washed 처리된 이디오피아 이가체프 커피는 신맛이 다소 감소되어 있고, 쓴맛 또한 표현되어 있는 포인트이므로 사전주입 시간을 늘려 줌으로써 신맛을 조금이나마 표현해 주어야 쓴맛을 다소 낮출 수 있게 된다.

중볶음 포인트이기 때문에 이가체프의 화려한 아로마는 기대할 수 없지만, 캐러멜리한 향과 슈가 브라우니한 아로마속의 중후한 무게감을 표현할 수 있게 된다.

사전주입 시점을 늘려 줌으로써 쓴맛을 완화하고 신맛과 단맛을 표현할 수 있다.

추출 시점에서의 추출량을 최소화하는 것이 쓴맛의 성분을 감소시키는 추출 비율이 되며, 25ml 정도로 추출량을 감소시키면 중볶음 이가체프의 신맛, 단맛, 쓴맛의 조화가 느껴진다.

이것이 핸드드립에서 느낄 수 없는 에스프레소만의 사전주입과 9기압 압력의 추출 시스템이다.

단, 95도의 온도 설정이 신맛을 추출하기는 유리할지 몰라도 쓴맛 또한 표현되는 온도이기 때문에 추출량을 조금 더 줄여 준다면 20ml 정도에서 조금 더 좋은 이가체프 중볶음의 조화로운 맛과 향을 표현할 수 있게 된다.

2. 중볶음(full city) 포인트로 정해진 이디오피아 이가체프 코케 washed 처리 방식을 90도로 추출했을 경우

사전주입(뜸) 시간을 30초 정도로 늘려 주는 것이 중볶음 포인트 이가체프 커피의 쓴맛의 개입을 감소시킬 수 있는 방법이다.

추출 온도 또한 90도 정도로 95도에 비해 낮기 때문에 쓴맛을 낮출 수는 있지만, 신맛을 표현하기 위해서는 사전주입 시간을 늘려 줌으로써 입자 간의 흐름과 미분의 움직임을 억제할 수 있고, 신맛과 쓴맛의 조화를 만들어 낼 수 있게 된다.

미분에 의해 쓴맛이 더욱더 증가할 수 있기 때문에 사전주입 시간이 중요하다.

다시 말해 사전주입 시간이 길어지면 미분에 의한 쓴맛의 증가를 줄일 수 있고, 농후한 신맛 또한 추출할 수 있는 시점이므로 단맛을 형성할 수 있는 기반을 만들어 준다.

추출 시점에서 추출량을 얼마나 적게 추출하는가에 따라 중볶음의 쓴맛을 감소시킬 수 있게 된다.

90도에서의 추출 온도는 쓴맛을 완화시킬 수는 있지만 신맛의 표현이 다소 줄어들 수도 있다.

사전주입 시간은 신맛을 얼마나 추출할 수 있느냐의 시간적 결정이고, 추출 시점에서는 추출량을 10초에서 진한 진액의 신맛과 점성, 20초에서 쓴맛의 개입을 절제해야 하며, 추출량을 정하는 것이 필요하다.

20~25ml 등을 테이스팅해서 추출량을 정해야 한다. 전체적으로 추출량이 적을수록 쓴맛은 감소한다.

3. 중볶음(full city) 포인트로 정해진 이디오피아 이가체프 코케 washed 처리 방식을 85도로 추출했을 경우

에스프레소의 추출 온도를 90도 이상 세팅하는 이유는 가압추출에 의해 짧은 순간에 빠르게 고농축 성분을 추출해 내기 위한 것인데, 높은 온도는 커피 성분을 복합적으로 추출하기에 유리하다.

단, 불필요한 맛까지 추출될 수 있기 때문에 온도 조절이 필요한 것이다.

85도는 에스프레소 성분을 추출하는 데 그렇게 알맞은 온도는 아니다. 하지만 85도에서의 커피 성분이 어떤 식으로 표현되는지 알게 되면 높은 온도의 커피 성분의 표현 또한 이해할 수 있다.

85도에서의 사전주입 시간을 최대한 늘려 주면 감소된 신맛을 추출하기가 쉬워진다.

40초 정도 사전주입 시간을 늘려 주면 85도의 낮은 추출 온도에서의 쓴맛에, 조율이 높은 온도보다는 다소 유리하지만, 전체적인 커피 맛과 바디 향미는 밋밋해지는 경향을 보인다.

85도 추출 온도로 사전주입 시간을 40초 정도에서 추출 시점의 추출량을 20ml 정도로 해주는 것이 조금은 농후한 커피가 표현된다.

하지만 85도의 온도는 에스프레소의 풍부한 느낌이 많이 가감되어 있어 아쉬운 온도이다.

04 이디오피아 이가체프 코케 중볶음 natural 처리 방식

이디오피아 이가체프 코케 지역의 재래 품종을 natural로 가공 처리한 중볶음(city) 포인트로 정해진 상태에서 추출 온도를 95도, 90도, 85도로 온도 변화를 주었을 때 어떤 영향이 미치는지 테이스팅하게 되면 볶음도의 온도 설정을 만들어 낼 수 있다.

1. 중볶음(full city) 포인트로 정해진 이디오피아 이가체프 코케 natural 처리 방식을 95도로 추출했을 경우

무엇보다 natural 처리 과정은 washed 처리 과정에 비해 단맛과 바디감이 좋은 처리 과정이다.

물론 washed의 아로마와는 다른 아로마를 나타내는데, 같은 농장의 같은 품종의 커피나무를 처리 과정을 달라지게 하면, 향미, 성분감, 바디감, 촉감, 여운, 신맛의 강도, 단맛의 강도 등 커피 자체의 균형감 또한 달라진다.

신맛이 줄어 있고 쓴맛이 다소 표현되어 있는 중볶음 포인트이기 때문에 사전주입 시점에서의 신맛을 추출해 낼 수 있는 뜸의 시간을 정해야 한다.

추출 온도 또한 95도이기 때문에 신맛을 추출하기가 유리하지만, 쓴맛 또한 과하게 나올 수 있어 사전주입과 추출 시점의 추출량의 조화가 필요하다.

사전주입(뜸) 시점을 30초 이상으로 정하면 신맛과 점성이 추출될 수 있는 시간적 조율이 가능하게 되는데, 중복음 natural 처리는 washed 처리보다 단맛이 조금 더 많기 때문에 30초 이상의 사전주입이 신맛과 단맛을 추출해 내는 데 효과적이다.

추출 시점에서 추출량을 10초, 20초 정도 20ml 정도로 추출하게 되면 washed 처리보다 단맛을 추출하는 데 유리해진다.

쓴맛은 추출량이 적기 때문에 증가되는 부분 또한 감소시킬 수 있게 된다.

2. 중복음(full city) 포인트로 정해진 이디오피아 이가체프 코케 natural 처리 방식을 90도로 추출했을 경우

중복음 natural 처리 과정은 washed 처리 과정에 비해 쓴맛에 느낌이 더 증가할 수 있다.

처리 과정상 약간의 스파이시한 부분이 오히려 쓴맛 같은 텁텁함을 느낄 수가 있기 때문이다.

90도로 추출하게 되면 95도로 추출하는 것에 비해 쓴맛을 완화할 수가 있게 되는데, 오히려 신맛의 부분이 덜 표현될 수가 있다.

이런 부분을 보완하기 위해서 사전주입 시간을 늘려 주면 신맛과 단맛에 추출이 훨씬 유리해진다.

사전주입이 가능한 머신은 에스프레소 추출의 안정화된 상태를 만드는 데 다소 유리한 위치에 있는 것은 사실이다.

사전주입(뜸) 시점에서 30초 정도의 뜸 시간을 만들어 주면 신맛과 단맛이 추출이 될 수 있도록 준비를 만들어 주게 된다.

30초 정도의 사전주입 이후 추출 시점에서 20ml 정도의 추출량을 추출하면 쓴맛의 부분이 신맛과 단맛에 부분과 조화로워지면서 균일한 에스프레소를 표현할 수 있다.

90도로 추출된 중볶음 에스프레소보다 95도로 추출된 중볶음 에스프레소가 다소 강렬하다.

3. 중볶음(full city) 포인트로 정해진 이디오피아 이가체프 코케 natural 처리 방식을 85도로 추출했을 경우

신맛보다는 쓴맛과 약간의 단맛 바디감이 좋은 natural 중볶음 포인트이기 때문에 신맛을 추출해 주어야 양질의 쓴맛을 표현할 수 있게 된다.

하지만 85도의 추출 온도로 에스프레소를 추출하면 신맛을 추출하기가 어려워진다

추출 온도가 낮아 쓴맛은 감소시킬 수는 있지만, 추출 시점에서

10초동안의 진한 진액에서 85도는 추출 성분 중인 신맛을 표현하기가 다소 낮은 온도가 된다.

사전주입 시간을 40초 이상 늘린다 해도 추출 활성화가 약해져서 깊이 있는 신맛을 표현하기가 어려워진다.

물론 처리 과정이 washed가 아니라 natural이기 때문에, 단맛에 대한 부분은 중복음이기 때문에 어느 정도 표현할 수 있지만, 85도에서의 성분 추출은 다소 쉽지는 않게 된다.

에스프레소의 추출 온도와 9기압의 압력은 9기압의 압력 이하와 9기압의 압력 이상으로 했을 때 오히려 9기압보다 평이한 상태가 되는 것처럼 압력과 온도를 무시할 수 없는 조건을 갖고 있다.

사전주입 시간을 40초 정도 늘려 주면 신맛과 단맛을 표현한다 해도 쓴맛의 개입을 피할 수 없게 된다.

또한 추출량을 20ml 이하로 추출한다 해도 추출 활성화가 85도에서는 밋밋한 상태로 만들어지는 결과가 된다.

05 이디오피아 이가체프 코케 강볶음 washed 처리 방식

이디오피아 이가체프 코케 지역의 재래 품종을 washed로 가공 처리한 강볶음(full city) 포인트로 정해진 상태에서 추출 온도를 95도, 90도, 85도로 온도 변화를 주었을 때 어떤 영향이 미치는지 테이스팅하게 되면 볶음도의 온도 설정을 만들어 낼 수 있다.

1. 강볶음(french) 포인트로 정해진 이디오피아 이가체프 코케 washed 처리 방식을 95도로 추출했을 경우

이디오피아 이카체프 washed로 처리된 커피는 대체적으로 약볶음을 주로 하는 커피이기 때문에 중볶음이나 강볶음을 하는 것은 특별한 상황이다.

즉, 로스터에 성향이나 블렌딩의 목적에 의해 포인트를 잡을 수 있다. 만일 이디오피아 지역을 강볶음하고 싶다면 washed 처리보다는 natural 처리 과정이 더 잘 어울린다.

하지만 washed 처리 과정을 강볶음을 해서 에스프레소로 표현하고 싶다면 다음과 같이 추출 시스템을 만드는 것이 유리하다.

95도의 높은 온도는 강볶음에서의 쓴맛을 지나치게 표현할 수가 있다. 하지만 9기압의 압력과 짧은 추출 시간은 오히려 매력적인 강볶음 에스프레소를 만들기도 한다.

다음과 같이 사전주입을 하면 또다른 느낌의 강볶음 에스프레소가 완성된다.

95도 설정된 이디오피아 이가체프 washed 처리 과정을 강볶음 에스프레소로 추출하기 위해 사전주입 시간을 정해야 한다.

사전주입(뜸) 시간을 40초 정도 길게 해주면 쓴맛의 성분이 95도의 높은 온도에서 강하게 추출되는 것을 조금은 늦출 수가 있다.

단 사전주입 시간이 길게 진행되므로 약간의 신맛과 단맛을 추출할 수 있는 준비 작업 또한 가능해진다.

이렇게 사전주입에서 쓴맛을 완화할 수 있게 만들었다면 추출 시점의 핵심은 강한 쓴맛이 추출될 수 있는 온도이기 때문에 추출 시간을 짧게 해야 쓴맛을 가감시킬 수 있게 된다.

15ml 정도의 신맛과 단맛 성분과 쓴맛의 개입도 최소화해야 자극적인 쓴맛을 부드럽게 코팅할 수 있게 된다.

강볶음 에스프레소는 추출량을 최소화해야 강력한 쓴맛을 완화시킬 수 있게 된다.

강볶음 에스프레소의 크레마 두께는 약볶음이나 중볶음에 비해 크레마 층이 얇다(대략 1mm 정도이다).

2. 강복음(french) 포인트로 정해진 이디오피아 이가체프 코케 washed 처리 방식을 90도로 추출했을 경우

90도의 추출 온도가 강복음 추출 온도에서는 쓴맛의 성분을 뽑아내는데, 그리 높은 온도는 아니지만 사전주입이 가능한 유량 조절 시스템일 때 더 좋은 결과물을 만들 수 있다.

사실 온도가 낮으면 쓴맛은 완화할 수 있지만, 에스프레소의 맛과 향을 추출하는 데 좋은 온도 설정은 아니다.

다시 말해 높은 온도는 다양한 성분을 추출하는 데 좋은 조건이긴 하지만, 원하지 않는 성분도 함께 추출될 수 있기 때문에 사전주입 시간과 추출 시간을 얼마나 조율할 수 있느냐가 강복음 에스프레소의 맛과 향을 결정하는 데 중요한 역할을 한다.

이디오피아 이가체프 코케 washed로 처리된 강복음 커피는 90도로 추출하면 natural 처리에 비해 쓴맛이 날카로워지는 자극적인 맛을 느낄 수 있는데, 사전주입 시간을 40초 이상 늘려 주면 신맛을 추출하는 데 다소 효과적이다.

앞에서 언급했듯이 95도로 추출할 때는 추출량을 15ml 정도 적게 추출하는 것이 효과적이다.

90도로 추출할 때도 사전주입 시간을 늘려 줌으로써 신맛을 효과적으로 추출할 수 있는 준비작업을 하는 것이고, 추출량을 15ml 정도 적게 추출해야 양질의 쓴맛 성분을 추출할 수가 있게 된다.

다시 말해 사전주입 시간을 40초 이상 길게 해 줌으로써 입자 간의 이동과 미분에 이동을 제어할 수 있기 때문에 신맛을 다소 뽑는 상황을 만들 수 있다는 것이다.

신맛을 뽑는다는 것은 상대적으로 쓴맛의 성분을 가감시킬 수 있기 때문에 단맛에 느낌을 상승시킬 수 있다.

그러므로 기분 좋은 쓴맛을 느낄 수 있게 된다.

3. 강복음(french) 포인트로 정해진 이디오피아 이가체프 코케 washed 처리 방식을 85도로 추출했을 경우

추출 온도가 85도이기 때문에 쓴맛의 성분을 낮출 수는 있지만, 강복음 에스프레소의 특유의 송진향과 초콜릿 카카오 같은 강렬한 느낌은 많이 부드러워진다.

이런 온도 설정에 사전주입 시간을 늘리면 좀 더 매력적인 강복음 에스프레소를 완성할 수 있는데, 사전주입(뜸) 시간을 40초 정도 늘려 진행하면 이디오피아 washed 처리 과정인 강복음에서 약간 꽃향 같은 다크베리류가 느껴지는데, 전체적인 아로마가 송진과 스파이시 계열이라 쉽게 느껴지지는 않는다.

하지만 부드럽게 추출할 수 있는 추출 온도이긴 하다.

만일 사전주입이 되지 않는 머신일 경우는 washed 처리 과정보다는 natual 처리 과정이 쓴맛 속의 단맛의 표현이 강복음에서는 더 매력적이다.

이렇듯 사전주입의 매력은 커피의 성분을 조율할 수 있는 장점이 있기 때문에 전문적인 바리스타가 되길 바란다면 사용하기를 권하고 싶다.

85도의 온도로 사전주입 시간을 40초 정도 진행하면 신맛이 상당히 부드럽게 준비가 된다.

추출 압력 증가 시점에서는 짙은 진액과 크레마가 형성되고 짧은 시간에 추출을 완성해야 한다.

10초에 10ml 15초에 15ml로 추출 상황을 끝내면 상당히 부드러운 강복음 에스프레소를 만들 수 있는데, 85도에서의 사전주입으로 진행되기 때문에 신맛이 강하게 표현되지는 못하게 된다.

그렇기 때문에 추출 시점에서의 추출량을 최소화하는 것이 관건이다. 그 이유는 쓴맛의 개입을 절제하기 위함이다.

06 이디오피아 이가체프 코케 강볶음 natural 처리 방식

이디오피아 이가체프 코케 지역의 재래 품종을 natural로 가공 처리한 강볶음(city) 포인트로 정해진 상태에서 추출 온도를 95도, 90도, 85도로 온도 변화를 주었을 때 어떤 영향이 미치는지 테이스팅하게 되면 볶음도의 온도 설정을 만들어 낼 수 있다.

1. 강볶음(french) 포인트로 정해진 이디오피아 이가체프 코케 natural 처리 방식을 95도로 추출했을 경우

쓴맛이 강한 강볶음 포인트이지만 natural 처리 과정이기 때문에 바디감과 단맛이 washed 처리 과정에 비해 탁월하다.

물론 쓴맛이 강렬한 포인트이므로 우리가 생각하는 신맛 속의 단맛의 표현은 다르다.

그래서 사전주입(뜸) 시점 이후 추출 시점에서의 진액을 어떻게 추출해 주느냐가 쓴맛 속의 단맛과 중후한 바디를 표현해 주는 포인트가 되는 것이다.

물론 사전 주입 시간을 길게 하는 것이 중요하다.

95도의 온도는 강볶음 추출 온도로는 높은 온도이고, 맛 성분도 조금은 추출할 수 있지만, 전반적인 쓴맛의 성분이 과해질 수 있어서 사전주입 시간을 늘려 주는 것이 유리하다.

사전주입 시간을 40초 이상 정하게 되면 추출 시점에서 신맛 성분과 점성이 조금은 추출이 진행이 된다.

약 15ml 정도 추출하면 쓴맛의 성분은 어느 정도 보완해 줄 수 있는 신맛과 단맛 점성 크레마 등 다양한 성분들이 쓴맛의 강렬함을 완화해 준다.

washed 처리의 95도 추출보다 natural 처리의 95도 추출이 더 풍부한 바디감을 느끼게 해준다.

2. 강볶음(french) 포인트로 정해진 이디오피아 이가체프 코케 natural 처리 방식을 90도로 추출했을 경우

90도의 추출 온도는 쓴맛의 성분을 강하게 표현할 수 있는 온도이다. 높은 온도는 커피 성분을 강렬하게 추출하는 데 중요한 역할을 한다. 낮은 온도로 추출하는 것은 커피 성분을 추출하는 데 있어서 깊이나 다채로움이 적게 된다.

그래서 에스프레소 커피는 대체도 높은 온도로 짧은 시간에 진한 진액을 추출해 내는 원리이다. 이렇듯 90도의 추출 온도는 95도의 추출 온도보다는 낮은 온도이지만, 여전히 높은 온도로 설정되어 있는 것이므로 쓴맛 성분의 추출에 주의해야 한다.

90도의 추출 온도는 쓴맛을 조금은 완화할 수 있으므로 사전주입 시간을 다소 늘려 부족한 신맛 성분을 추출할 수 있는 준비 작업을 해 주는 것이 유리하다.

사전주입 시간을 40초 이상 늘려 주는 것이 쓴맛의 성분을 완화할 수 있으며, 신맛 성분을 추출하는 중요한 포인트이다.

이런 사전주입은 유량 조절의 시스템으로 사전주입을 하면 쓴맛의 추출 준비를 조금은 부드럽게 완화시킬 수가 있게 된다.

유량 조절 사전주입 시스템으로 미분이동을 제어하고, 입자의 자리분배를 서서히 하게 되면 쓴맛의 성분이 부드러워지는 역할을 하게 된다.

물론 추출 시점에서의 추출량을 적게 추출할수록 쓴맛의 성분을 완화시킬 수 있는 조건이 된다.

15ml 정도의 에스프레소 양을 추출하면 송진향과 다크초콜릿 카카오 블랙베리류 같은 매력적인 강볶음 natural 에스프레소를 만들 수 있게 된다.

3. 강볶음(french) 포인트로 정해진 이디오피아 이가체프 코케 natural 처리 방식을 85도로 추출했을 경우

쓴맛의 성분이 다소 부드럽게 추출될 수 있는 추출 온도이다.

사실 에스프레소는 추출 온도를 다양한 온도 설정으로 테스팅을 하게 되면 높은 온도에서 사전주입 시간을 조금 늘려 주고 짧은 시간에 추출량을 정하는 것이 오히려 좋은 강볶음 에스프레소 한 잔을 만드는데 훌륭한 시스템이라는 결론에 도달하게 된다.

하지만 이처럼 다소 낮은 온도에서의 온도 설정은 특히 강볶음에서 주의해야 할 쓴맛의 거부감을 어떻게 조율할 것인가가 핵심이다.

사전주입에 대한 시간적인 테스팅도 여러 시간을 테스팅했을 때 85도의 설정은 40초 정도가 쓴맛과 신맛의 조화를 이룰수 있다는 결론에 도달했다.

물론 이런 테스팅의 상황은 필자의 극히 주관적인 결정이지만, 여러분들도 다양한 추출 온도와 사전주입 시간 추출량을 조정해서 추출 시스템을 만든다면 완벽한 에스프레소 한 잔을 분명히 만들 수 있으리라 생각한다.

정리하면, 사전주입 시간이 길수록 단맛을 추출하는 데 유리해지는 것은 분명하다.

85도의 추출 온도 설정에 40초의 사전주입으로 15ml 정도 에스프레소는 강볶음 natural 커피의 쓰지만 단맛이 나는 부드러운 에스프레소 한 잔이 만들어진다.

여기서 부드럽다고 표현하는 것은 온도가 85도 정도이기 때문이다. 하지만 풍부하지는 못한 것이 다소 아쉽다.

07 싱글오리진 에스프레소 추출 향미 평가 방법

이디오피아 이가체프 코케 washed 재래 품종

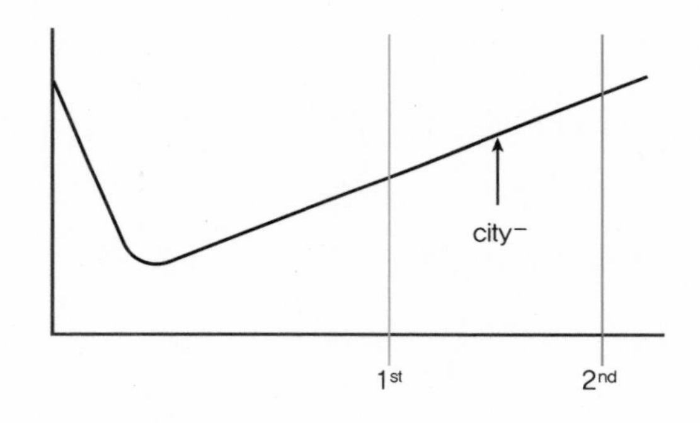

이가체프 코케 지역의 재래 품종을 city-로스팅 포인트로 정하면 신맛이 강해지고 단맛이 약해지는 맛이 표현된다.

아로마는 달콤한 허브향 재스민과 같은 꽃향기 홍차의 장미향 스파이시한 계피향 등이 표현되는데, 이러한 로스팅 포인트는 사전주입 시간을 달리함에 따라 신맛과 단맛, 여운, 농후함, 중후함, 균형감에 변화가 생긴다.

에스프레소 머신의 9기압 압력은 약하게 로스팅 포인트를 정한 이디오피아 이가체프 코케의 신맛을 더욱더 강하게 표현되게 만든다.

사전주입 시스템이 있는 머신은 로스팅 포인트가 약하게 정해져도 사전주입 시간이 길어지면 신맛과 단맛의 형성에서 단맛을 다소 추출할 수 있는 장점이 있다.

사전주입 시간이 10초인 경우

추출량을 30ml로 추출해서 신맛이 과도하지 않게 한다.

사전주입이 없는 머신에 비해서는 단맛의 형성이 더 좋아지지만, 신맛을 강하게 표현한 로스팅 포인트(city-)이기 때문에 사전주입 시간을 10초에서 추출증가 시점에 9기압의 압력으로 진행하면 city-로스팅 포인트에서 강한 신맛이 여전히 많이 추출된다.

향기는 다양해서 좋지만 맛의 균형이 신맛으로 치우치기 때문에 맛이 와인맛과 새콤한 맛이 나고 향은 허브향이 많이 나서 바디감도 약해진다.

사전주입 시간이 20초인 경우

추출량을 25ml로 추출해서 신맛과 단맛을 조화롭게 추출한다. 9기압의 압력에 의해 신맛이 증가하지만, 20초의 사전주입에 의해 단맛의 형이 유리해지게 된다.

신맛과 단맛에 조화가 좋아진다. 신맛이 단맛과 조화를 이루는 와인맛이 표현되고 바디감 또한 증가한다.

아로마는 홍차 같은 향이 주로 많이 표현되며 여운이 길어지고 좀 더 풍부한 향미가 느껴지게 된다.

사전주입 시간이 30초인 경우

추출량을 20ml 정도로 추출해서 신맛과 단맛의 조화와 농후한 바디감을 표현해 준다.
30초에 사전주입에 의해 city- 로스팅 포인트가 된 이디오피아 이가체프 코케를 단맛이 증가하도록 유도하는 방법이다. 사전주입 시간을 30초에서 9기압의 압력이 증가하는 추출 시점에 추출량을 20ml 정도 추출하면 신맛과 단맛이 강해지면서 꽃향기와 홍차향이 긴 여운으로 매력적인 이디오피아 이가체프 코케의 에스프레소를 표현할 수 있다.
다시 말해 사전주입 시간을 늘리고 추출량을 줄이면 신맛과 단맛이 농후해지고 깔끔한 에스프레소를 표현할 수 있다.

이디오피아 하라 natural 재래 품종

하라 지역의 재래 품종을 city-로 로스팅 포인트를 설정하면 상당히 다채로운 아로마를 표현한다.

natural 처리 과정이기 때문에 드라이한 복숭아향, 스파이시한 계

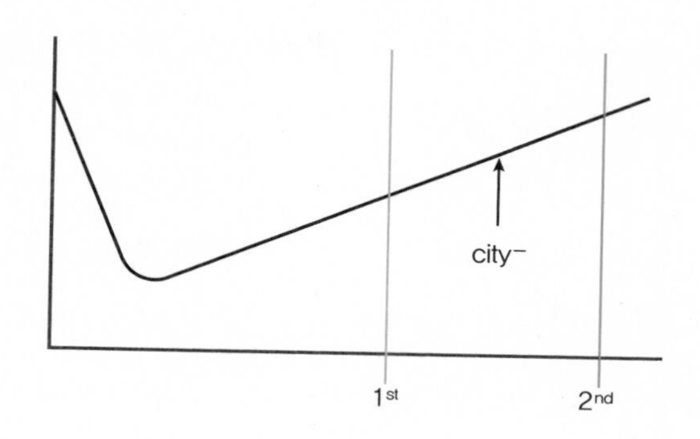

피향과 초콜릿향이 느껴지게 된다.

신맛이 강한 city- 로스팅 포인트이지만 natural 처리 과정에 의해 바디감과 단맛 또한 washed 처리 과정보다 탁월하다.

사전주입 시간을 10초, 20초, 30초로 조정했을 때 신맛과 단맛 아로마의 표현 바디감의 강도, 농후함의 정도가 조금씩 변화하는 것을 알 수 있게 된다.

이렇듯 로스팅 포인트가 약하게 되었을 때의 사전주입의 효율성을 활용하는 것이 사전주입 머신만의 장점이다.

사전주입 시간이 10초인 경우

추출량을 30ml로 추출해서 신맛이 과해지는 것을 조율하는 방법이다.

사전주입을 10초 정도로 진행할 경우 city- 로스팅 포인트의 하라 커피는 신맛이 조금 강해질 수 있다.

9기압의 압력으로 추출 증가 시점에서 신맛을 조율하기에는 사전 주입 시간이 조금은 짧은 시간이다.

이렇듯 신맛이 조금 과하게 추출되면 무게감도 가벼워지고 아로마도 섬세하지 못하게 되는데, 드라이한 계열의 향과 스파이시한 향은 느껴지게 되지만, 전체적인 농도는 30ml이기 때문에 가볍지만 신맛이 너무 치우치지는 않게 된다.

사전주입 시간이 20초인 경우

추출량을 25ml로 추출해서 맛의 균형을 만들어 내는 방법이다. city- 로스팅의 신맛을 다소 완화할 수 있는 사전주입 시간이므로 단맛을 추출할 수 있는 준비 작업이 가능해진다. 아로마 또한 좀 더 섬세해지고, 드라이한 부분 또한 또렷해지고, 초콜릿향도 표현되는 상황이 된다.

바디감 또한 중후해지며 농도가 25ml이기 때문에 섬세한 표현이 가능해지는데, 무엇보다 city-로스팅 포인트인 하라 커피를 사전 주입 시간이 조금씩 길어지면 신맛의 과도함을 단맛의 증가에 의해 균형감이 좋아지는 결과를 얻을 수 있게 된다.

사전주입 시간이 30초인 경우

추출량을 20ml로 추출해서 신맛과 단맛 섬세한 아로마와 맛을 표현하는 데 유리한 조건을 형성할 수 있게 된다.
추출량이 적어지게 되면 에스프레소의 밸런스가 신맛 쪽으로 치우치지 않을까 우려할 수 있지만, 사전주입 시간이 30초 이상인 경우는 단맛이 강하게 추출될 수 있게 준비하는 작업단계이기 때문에 가능하다.
상당히 농후한 점성과 초콜릿 신맛과 단맛의 균형감이 강렬한 이디오피아 하라 에스프레소를 맛볼 수 있게 된다.

다시 한 번 정리해 보면 사전주입 시간이 길어지면 미분이동을 제어할 수 있는 장점이 있다.
그렇게 되면 확산 작용이라는 디테일한 성분 추출을 할 수 있는 준비작업이 가능해진다.
그러나 9기압의 압력은 확산 작용보다 세정 작용을 더 활성화시키기 때문에 미분이동이 다소 진행이 된다.
그러나 사전주입의 진행은, 즉 뜸에서 이루어지는 미분이동의 제한과 신맛과 단맛, 크레마, 아로마, 바디감, 질감, 균형감, 여운 등 모든 커피 성분을 섬세하게 만들어 줄 핵심이다.

케냐 니에리 AA washed sl28 품종

city+ 로스팅 포인트로 정해진 케냐 버번의 선별종인 sl28품종은

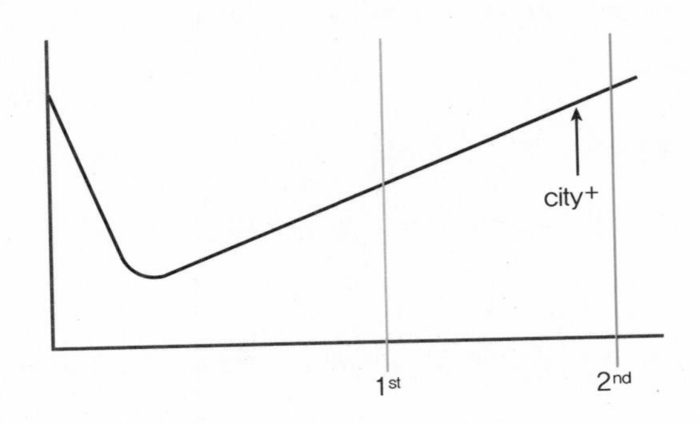

신맛이 너무 과하지 않게 로스팅 포인트를 결정한 것이다.

조밀도가 중간 이상인 아프리카 지역의 sl28품종은 신맛이 상당히 강하게 표현될 수 있기 때문에 city+ 로스팅 포인트가 적당하다.

하지만 city, city- 로스팅 포인트로 정해지면 사전주입 시간을 조율해서 에스프레소를 추출해야 한다.

city- 로스팅 포인트의 케냐 에스프레소는 9기압의 압력의 의해 허브 계열의 향과 레몬 계열의 향이 표현될 수 있고, 신맛 또한 강하게 표현되어 주의가 필요하다. 물론 사전주입 시간을 길게 해서 단맛을 많이 표현하게 만들면 된다

city 로스팅 포인트의 케냐 에스프레소는 9기압의 압력에 의해 오렌지 계열과 감귤계 계열를 감지할 수 있는 매력적인 포인트이다.

하지만 city+ 로스팅 포인트를 설정하는 것은 신맛과 단맛, 바디감, 균형감, 여운 등 종합적인 부분을 고려해서 포인트를 정하는 것이 때문에 로스터의 성향에 의해 추구하는 포인트를 정하면 된다. 물론

중볶음, 강볶음 포인트도 케냐 커피의 매력을 발산할 수 있다.

사전주입 시간이 10초인 경우

추출량을 30ml로 추출하면 10초의 사전주입은 신맛이 표현이 조금 강한 사전주입이다.
추출량을 30ml로 늘림으로써 신맛의 강렬함을 부드럽게 배분하는 추출 비율이다.
신맛과 단맛이 조화롭지만 약간의 쓴맛도 추출된다.
city+로 로스팅 포인트를 설정한 케냐 sl28품종을 9기압의 압력에 의해 사전주입으로 10초 정도의 뜸을 준비하면 신맛은 과도해지지는 않지만, 30초의 추출량이 약간 쌉쌀한 맛을 느끼게 만들 수가 있게 된다.
추출량이 많기 때문에 약간 부드러운 에스프레소를 표현할 수 있게 된다.
아로마는 감귤계의 향과 캐러멜 향이 부드럽게 표현된다. 약간의 자몽 같은 쌉살한 향도 감지할 수 있다.

사전주입 시간이 20초인 경우

추출량을 25ml로 추출하면 신맛과 단맛이 균형감이 상당히 강해진다.

사전주입 시간이 20초가 되면 단맛의 형성이 증가하게 되며 city+의 로스팅 포인트에 의해 신맛 또한 표현된다. 25ml의 추출량은 신맛과 단맛에 조화와 디테일한 향을 표현하기 위한 배합의 비율이다.
아로마는 캐러멜향과 꽃향 농익은 오렌지 향도 감지할 수 있게 된다. 바디감도 무거워지고 에스프레소 농도 또한 25ml이기 때문에 강렬해진다.

사전주입 시간이 30초인 경우

추출량을 20ml로 추출하면 city+ 로스팅 포인트의 특유의 강렬함을 느낄 수 있게 되는데, 신맛이 강한 듯한데 뒤이은 단맛 또한 상당히 강한 여운으로 느끼게 만드는 매력적인 조화가 만들어진다.
다시 말해 city+ 로스팅 포인트로 30초의 사전 주입은 신맛이 강한 포인트에 단맛을 증가시킬 사전주입의 조화이다. 이렇듯 사전주입이 길어지면 단맛이 증가하는데, 추출량까지 적게 추출함으로써 신맛과 단맛 사이의 강렬함을 증가시키는 방법이다.
에스프레소의 향기 또한 강렬해서 감귤계의 향과 초콜릿 캐러멜리한 아로마가 강렬해짐을 느낄 수 있다.
농도가 농후해져서 바디감과 여운 또한 오랫동안 머물게 만드는 매력적인 에스프레소가 된다. 이렇듯 사전주입의 증가는 단맛의 형성에 유리한 조건을 만들어 준다.

유압 조절 사전주입보다는 유량 조절에 의한 사전주입은 입자가 자리 분배와 미분 제어의 탁월한 조건을 만들어 준다.

브룬디 AA washed 버본 품종

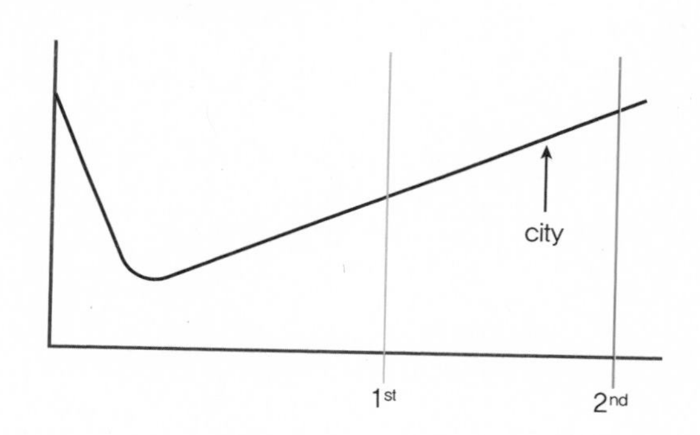

city 포인트로 로스팅된 브룬디 버본(티피카의 돌연변이종) 품종은 건포도향, 계피향, 체리향이 나는 게 특징이다.

마치 이디오피아와 케냐 커피가 블렌딩된 듯한 뉘앙스를 연상케 하는 아로마를 표현한다.

바디감은 중간 정도로 버본종자의 특유의 향을 가지고 있는 매력적인 지역의 커피이다.

city로 로스팅 포인트를 표현한 브룬디 버본 washed 커피를 사전주입을 어떤 식으로 하느냐에 따라 신맛의 강도, 단맛의 강도, 바디감의 정도, 여운의 길이 다양한 향들에 발산 정도의 차이 등이 흥미있게 표현됨을 알 수 있다.

사전주입 시간이 10초인 경우

추출량을 30ml로 추출하면 9기압의 압력에 의해 신맛이 증가하는 시점이 강해지는데, 10초 동안 사전주입은 신맛의 증가뿐만 아니라 아로마의 표현 또한 섬세해진다.
다시 말해 단맛의 형성이 약해져서 신맛의 균형이 더 치우치게 되면 신향에 의한 과일류의 산뜻한 아로마들이 표현된다는 점이다.
단맛이 증가하는 사전주입이라면 농익은 단맛 속에 있는 신맛의 과일류의 느낌이 표현되지만, 사전주입 시간이 10초이기 때문에 단맛이 가감된 산뜻하고 풋풋한 과일 향기가 발산되는 것이다.
바디감 또한 가볍고 농도 또한 부드러운 표현이 된다.

사전주입 시간이 20초인 경우

추출량을 25ml로 추출해서 좀 더 또렷한 브룬디의 향미를 표현할 수 있다. 농익은 체리향과 감귤계의 아로마 또한 발산되는데, 바디감 또한 깊어지고 점성과 농도가 증가함을 느낄 수 있다. city 로스팅 포인트이기 때문에 신맛과 단맛의 균형은 조금 신맛에 치우치지만, 이디오피아와 케냐의 느낌을 조합한 짙은 느낌이 난다.

사전주입 시간이 30초인 경우

단맛이 증가하고, 추출량을 20ml로 추출해서 신맛과 단맛의 강렬한 브룬디 에스프레소 한 잔을 만들게 되면 신향 속에 아로마의 섬세함이 더욱 또렷한 느낌을 감지할 수 있는데, 서로 향들을 발산하기 위해 복합적인 아로마가 혼현됨을 느낄 수 있게 된다.
약간의 시간차로 감귤계 체리, 자몽 같은 향들이 서로 뒤섞이며 더욱 짙은 향을 표현한다.
단맛 또한 강도가 증가하는 것을 알 수 있는데, 사전주입의 유량조절 시스템은 유압 조절 시스템보다 상당히 섬세함을 표현한다.

엘살바도르 SHB washed 파카마라 품종

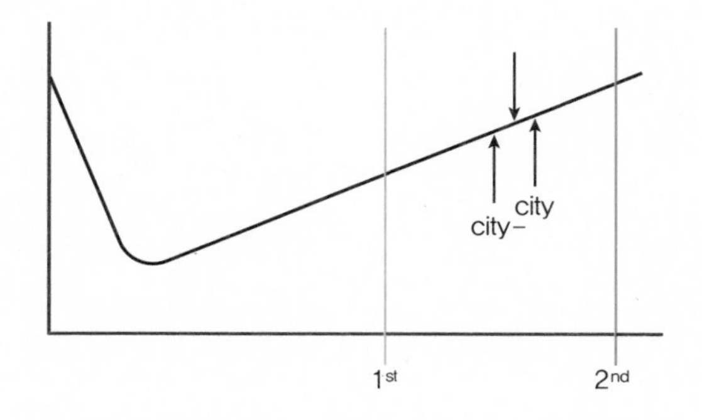

city-와 city 사이로 포인트를 정한 엘살바도르 파카마라(파카스종과 마라고지페종의 교배종)종은 오렌지 계열의 향과 레몬의 향이 뒤섞인 듯한 매력적인 품종이다.

city-로 로스팅을 하면 레몬과 라임의 향을 발산하고, city로 로스팅하면 바닐라나 살구향, 꽃향 또한 강렬하게 발산한다.

city+로 로스팅 포인트를 표현하면 초콜릿 캐러멜향이 짙게 표현된다.

이렇듯 로스팅 포인트에 따라 아로마와 맛, 바디감, 여운 등의 다양한 변화를 감지할 수 있게 된다.

로스팅 포인트를 city-와 city 사이로 포인트를 표현하면 레몬향과 라임향, 살구향, 꽃향, 바디감, 촉감 등을 더 다양하게 표현하게 된다.

사전주입 시간이 10초인 경우

추출량을 30ml로 추출하면 단맛보다는 신맛을 조금 더 부드럽게 표현할 수 있는 방법인데, 30ml의 추출량을 25ml로 줄이면 신맛이 좀 더 강해지게 된다.

이때 아로마는 레몬이나 라임 계열의 향이 좀 더 강하게 느껴지게 된다.

그러나 30ml로 추출된 추출량이 신맛의 강도를 조금 약하게 만들어 주기 때문에 조금 더 특징 있는 엘살바도르 파카마라종 에스프레소 맛을 표현하고 싶다면 25ml 정도가 더 매력적이다.

사전주입 시간이 20초인 경우

추출량을 25ml로 추출해서 신맛과 단맛이 조화롭게 만드는 사전주입 방법이다.

city-와 city 사이로 포인트가 정해진 파카마라종은 신맛이 여전히 강하게 표현될 수 있는 9기압의 압력을 동반하기 때문에 사전주입 시간을 20초 정도로 해서 유량 조절 시스템으로 진행하면 단맛이 상승됨을 감지할 수 있게 된다.
신맛과 단맛의 강도가 증가하고, 바디감이 농후하며, 라임과 레몬향 꽃향기의 바닐라향의 여운 또한 길어짐을 느낄 수 있다. 촉감은 상당히 매력적인 질감으로 입 안에 오랫동안 머물러 있는 에스프레소를 느낄 수 있게 된다.

사전주입 시간이 30초인 경우

추출량을 20ml로 추출해서 좀 더 강렬한 엘사바도르 파카마라종의 에스프레소를 포현하는 방법이다. 신맛과 단맛이 농축되어 있게 만드는 30초의 사전주입 시간, 20ml의 적은 추출량으로 섬세한 아로마와 바디감이 강렬한 여운과 촉감을 표현하는 추출방법이다.

별도 첨부

에스프레소 추출량이 증가할수록 즉 룽고화될수록 매력적인 에스프레소를 만들 수 없다.
만약 좀 더 깊고 짙은 에스프레소를 만들고 싶다면 도피오 리스트레토가 매력적인 에스프레소이다.

니카라과 SHB washed 마라카투라 품종

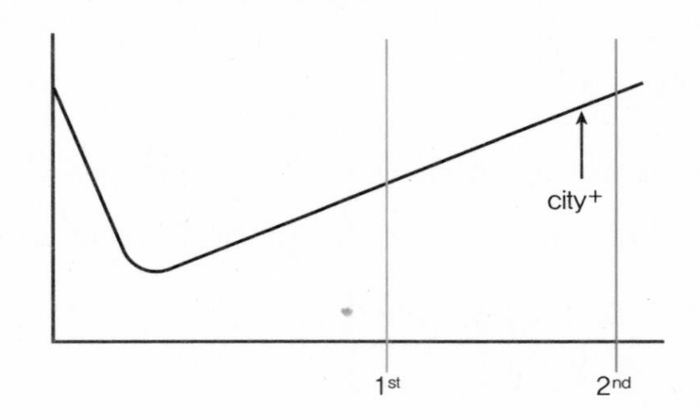

니카라과 마라카투라(마라고지페 품종과 카투라 품종의 교배종)종은 city+ 로스팅 포인트로 설정하면 초콜릿향과 캐러멜향, 오렌지향, 메이플 시럽향, 꿀향 등 달콤한 향들이 표현된다.

맛 또한 신맛이 강하지는 않고, 단맛이 오히려 강하며, 바디감 또한 농후한 로스팅 포인트이다.

사전주입 시간이 10초인 경우

추출량을 30ml 정도로 추출하지 않아도 단맛의 형성이 강한 로스팅 포인트이다.

9기압의 압력이 신맛을 강하게 표현하지만, 로스팅 포인트가 city+이기 때문에 10초에 사전주입 정도라도 신맛이 그리 과하게 표현되지는 않는다.

다시 말해 city+ 로스팅 포인트가 균형감 있는 추출 포인트가 된다는 것이다.

사전주입 시간이 20초인 경우

추출량을 25ml 정도로 추출해서 조금 더 강렬한 에스프레소를 표현하는 방법이다. 여기서 주목할 점은 추출량이 적어지면 아로마와 향미가 상당히 또렷해진다는 것이다.
또한 질감도 바디감도 강렬해짐을 알 수 있다.

사전주입 시간이 30초인 경우

추출량을 20ml 정도로 추출해서 단맛의 강렬함을 더욱 강하게 표현하는 사전주입 방법이다.
유량 조절 시스템의 사전주입은 촉감과 단맛을 상당히 탁월하게 표현한다는 점이 매력적이다.
좀 더 강렬한 니카라과 마라카투라 품종을 에스프레소로 표현하고자 한다면 향미가 강렬한 20ml의 추출량으로 개성 있는 에스프레소를 표현할 수 있다.

과테말라 SHB washed 파체품종

과테말라는 버본종과 카투라종을 많이 재배하는 나라이며, 카투아이종이나 파카마라종, 마라카투라종, 마라고지페종도 재배를 하는

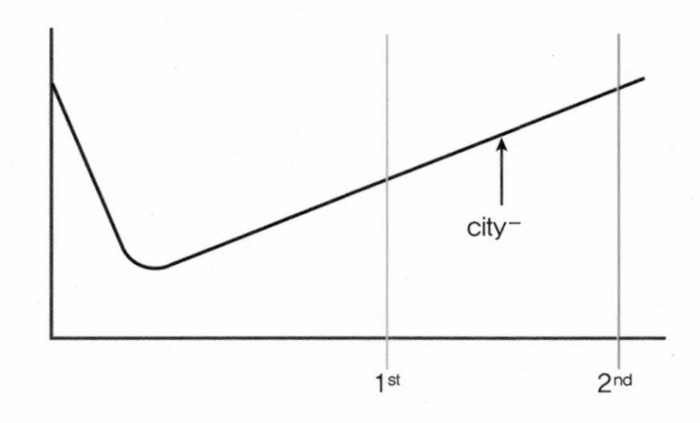

나라이다.

특이하게 파체종(티피카의 돌연변이 종)을 재배하는 나라인 과테말라는 특별한 아로마를 선보이는데, city- 로스팅 포인트로 포인트를 정하면 재스민꽃향이나 감귤계향, 사과향, 복숭아향 같은 과일류의 꽃향이 나는 아주 매력적인 품종이다.

과테말라 파체종은 티피카종의 돌연변이 종으로 나무가 작고 왜소한 품종으로 재배가 까다로운 품종이다.

사전주입 시간이 10초인 경우

추출량을 30ml 정도로 추출해야 9기압의 압력 추출 증가 시점에 의해 city- 로스팅 포인트의 튀는 신맛을 조율할 수 있게 된다.

9기압에 의해 강렬하게 표현될 신맛이 30ml의 추출량의 배합에 비율에 의해 부드러워지면서 향은 상당히 균형감 있게 표현된다.

입안에 느끼는 향미 또한 은은한 재스민향과 감귤계의 향이 표현되며 바디감 또한 미디움 정도로 은은하게 표현된다.

사전주입 시간이 20초인 경우

추출량을 25ml 정도로 추출하면 재스민향과 감귤계 향들이 상당히 강렬하게 표현된다.
다시 말해 사전주입 시간 증가와 추출량의 감소에 따라 좀 더 농축된 향미가 표현된다는 것이다.
city- 로스팅 포인트이기 때문에 신맛에 대한 자극이 강해질 수 있다. 또한 농도가 진해지는 25ml 추출량이기 때문에 균형감이 깨질 수 있다.
9기압의 압력이 신맛을 더 많이 추출할 수 있는 역할을 한다. 이런 조건을 조율할 수 있는 방법은 농도를 늘려 자극을 완화하든지 압력을 낮추는 방법, 포인트를 더 진행해서 city+까지 볶는 방법, 또는 저온 로스팅을 해서 신맛의 자극을 완화하는 방법 등이 있다.
장단점이 있지만 가장 좋은 방법은 농도를 진하게 9기압으로 추출해서 신맛과 단맛 속의 다채로운 아로마, 중후한 바디감, 긴 여운과 튀지 않는 조화로운 에스프레소를 만들 수 있는 방법은 사전주입이 가능한가이다.
그렇지 않다면 로스팅 프로파일의 조정 포인트의 조정 추출 압력의 조정 추출량의 조절 입자의 굵기 투입량, 추출 온도 추출 시간 등을 조율해야 균형 잡힌 한 잔의 에스프레소를 만들 수 있게 된다.

사전주입 시간이 30초인 경우

추출량을 20ml 정도로 추출하면 신맛과 단맛, 점성 또한 강렬한 촉감을 표현한다.

좀 더 임팩트 있는 과테말라 파체종 에스프레소를 만들고 싶다면 사전주입 시간을 늘리고, 상대적으로 추출량을 줄이는 것이 좋은 방법이다.

코스타리카 SHB washed 빌라사치 품종

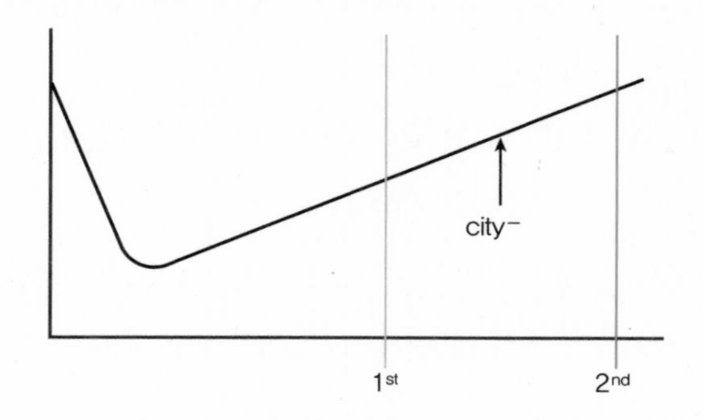

코스타리카 빌라사치종(버본종의 왜소종으로 코스타리카에서 개발된 종자이다. 카투라종과 모양이 비슷하다.)을 city- 로스팅 포인트로 정하면 레몬향, 오렌지향, 밀크초콜릿향을 발산하게 된다.

촉감 또한 실키하고 바디감은 가벼운 느낌으로 농후함은 추출량에 따라 다소 차이가 있지만, 상당히 산뜻한 코스타리카 빌라사치 에스프레소를 표현할 수 있는 로스팅 포인트이다.

사전주입 시간이 10초인 경우

30ml 정도로 추출량을 정해서 city- 로스팅 포인트에 의해 신맛이 자극되는 부분을 추출량의 증가로 균형감을 만드는 방법이다.
하지만 로스팅 포인트가 city- 포인트이기 때문에 또한 9기압과 사전주입 시간이 10초 정도라는 그리 길지 않은 시스템에 의해 신맛이 다소 튈 수도 있다. 하지만 코스타리카 빌라사치종의 특징인 레몬향과 오렌지향을 표현하고자 포인트를 city-로 정했기 때문에 신맛의 특징은 어느 정도는 감안해야 한다.
또한 추출량이 30ml이므로 다소 부드러운 신맛이 느껴지게 추출량을 늘리는 것이다.

사전주입 시간이 20초인 경우

25ml 정도로 추출량을 정해서 단맛을 좀 더 추출하는 사전주입 방법이다.
사전주입 시간이 20초로 길어지면 단맛이 증가하게 되고, city- 로스팅 포인트에 의해 신맛이 강해짐으로써 맛의 조화로움을 만드는 방법이다.
또한 추출량이 25ml이기 때문에 에스프레소 농도 또한 증가함을 알 수 있다.
레몬과 오렌지향과 신맛과 단맛의 향미가 입 안 전체에 오랫동안

남게 하기 위한 방법으로 농도를 진하게 조율하면 에스프레소 커피의 가치는 증가한다.

사전주입 시간이 30초인 경우

추출량을 20ml로 추출해서 레몬향과 오렌지향을 좀 더 또렷하게 표현하는 방법인데, 바디감도 무거워지고 농도도 강해지며 마시고 난 여운도 또한 길게 느낄 수 있게 된다.

단맛을 증가시키기 위해 사전주입 시간을 늘리는 방법인데, 이런 방법으로 추출량을 늘리면 오히려 농축된 시스템의 입자가 물에 흐름에 의해 불필요한 잡미가 개입되는 경우가 발생하기 때문에 사전주입 시간을 늘리고 추출량을 줄이는 것이 완벽한 에스프레소를 만드는 추출 시스템이다.

파나마 SHB washed 게이샤 품종

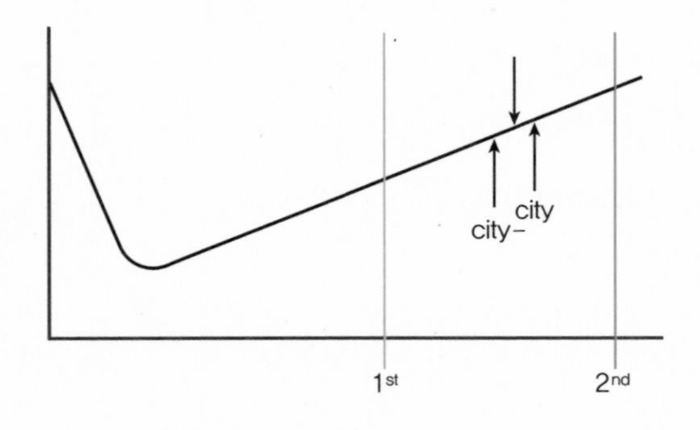

파나마 게이샤 품종은 이디오피아 게샤 지역에서 발견되어 케냐로 이동하여 재배되기 시작했고, 탄자니아와 코스타리카를 거쳐 파나마에서 완성된 우수한 품종이다.

특히 파나마 게이샤 품종은 타 지역의 게이샤 품종보다 탁월한 느낌을 표현하는 데, 그중에 딸기향도 감지할 수 있는 농장도 있다.

커피 품종에서 딸기향이 느껴진다는 것은 상당한 매력이다.

게이샤 품종에 특징 중 재스민꽃향, 자몽향, 자두향, 체리향, 감귤계 오렌지향 등 상당히 복합적인 아로마를 표현한다.

로스팅 포인트를 city-와 city 사이로 정하는 것은 좀 더 다채로운 향미를 표현하기 위해서다.

city- 포인트는 재스민꽃향과 딸기향, 오렌지 감귤계의 향이 짙고, city 포인트는 초콜릿향, 자몽향, 자두향 등이 표현된다.

사전주입 시간이 10초인 경우

추출량을 30ml 정도로 추출해서 신맛이 강해질 수 있는 상황을 추출량으로 조율하는 방법이다.

아로마가 상당히 다채롭기 때문에 추출량이 증가됨에 따라 부드러운 게이샤 에스프레소를 느낄 수 있다.

사전주입 시간이 20초인 경우

추출량을 25ml 정도로 추출해서 좀 더 강렬한 향미 발산을 표현하게 만드는 추출 시스템이다.

사전주입 시간이 20초 정도로 길어지면 단맛의 형성이 강해지기 때문에 초콜릿향이나 자몽 같은 좀 더 무거운 향과 산뜻한 아로마의 재스민꽃향, 딸기향, 감귤계향이 무거운 향보다 먼저 감지되는 경향을 보인다.

다시 말해 30ml 정도로 추출된 에스프레소는 향미가 서로 조화로운데, 추출량이 줄어들게 되면 먼저 발산되는 아로마와 그 이후 발산되는 아로마들이 서로 복합적으로 발산하려고 튀는 듯한 향을 느낄 수 있게 된다.

사전주입 시간이 30초인 경우

추출량을 20ml 정도로 추출해서 좀 더 개성 있는 파나마 게이샤 품종 에스프레소를 테이스팅하면 상당한 단맛이 느껴지는 파나마 게이샤 품종 에스프레소를 맛보게 되는데, 예를 들어 당분이 상당히 많은 딸기를 먹는 것 같은 에스프레소를 느낄 수 있다.

Chapter 3
블렌딩

coffee

01 싱글오리진 커피들의 다양한 볶음도에 따른 향미 변화

블렌딩의 개념

싱글오리진 커피의 향미를 좀 더 복잡하고 다양하게 마시기 위해 두 지역 이상 섞는 것이 블렌딩의 시작이다. 그렇다면 블렌딩 커피를 어떻게 만들 것인가?

먼저 싱글오리진 커피들의 다양한 볶음도에 따른 향미 변화를 이해해야 한다. 이것이 정리되면 블렌딩을 만들 수 있는 기틀이 형성되는 것이다. 대표적으로 가장 많이 사용되는 싱글오리진 커피들을 다양한 볶음도로 볶았을 때 어떤 향미가 표현되는지 정리해 보면 다음과 같다.

싱글오리진 커피들의 다양한 볶음도에 따른 향미 변화

이디오피아 이가체프 washed 재래 품종을 약볶음했을 경우

향: 홍차향, 재스민향, 계피향, 허브향, 오렌지 껍질향, 꽃향

맛: 깔끔한 와인맛

신맛: 단맛에 비해 좀 더 강해진다

바디감: 약간 가벼운 바디감

밸런스: 와인과 같은 신맛과 단맛, 가벼운 무게감과 여운의 균형감이 좋다.

이디오피아 이가체프 washed 재래 품종을 중볶음했을 경우

향: 캐러멜 같은 꽃향과 쓴향, 스파이시한 쓴 생강향

맛: 쓴맛과 신맛의 조화

신맛: 신맛은 감소되고 약한 쓴맛이 표현된다.

바디감: 중간 정도의 바디감

밸런스: 신맛은 감소되어 있고 쓴맛과 단맛이 조화롭다.

이디오피아 이가체프 wahsed 재래 품종을 강볶음했을 경우

향: 다크 초콜릿향, 쓴향, 연필향

맛: 쓴맛

신맛: 감소된 신맛

바디감: 무거워졌지만 헤비하지는 않다.

밸런스: 쓴맛이 지배적인 느낌

이디오피아 하라 natural 재래 품종을 약볶음했을 경우

향: 드라이한 복숭아향, 계피향, 초콜릿향

맛: 와인맛 속의 단맛

신맛: 신맛의 강도가 좀 더 강한 단맛

바디감: 태양에 말린 natural 처리 과정으로 약볶음치고는 무겁다.

밸런스: 신맛과 단맛의 조화와 무게감이 좋다.

이디오피아 하라 natural 재래 품종을 중볶음했을 경우

향: 캐러멜향, 스파이시한 시나몬향, 복숭아향

맛: 쓴맛이 개입된 초콜릿맛

신맛: 쓴맛을 부드럽게 감싸는 약한 신맛

바디감: 풍부한 느낌

밸런스: 쓴맛 속의 적절한 캐러멜 같은 단맛

이디오피아 하라 natural 재래 품종을 강볶음했을 경우

향: 거친 초콜릿향, 송진향, 약품향, 매운향

맛: 쓴맛이 강하고 거친 카카오 같은 맛

신맛: 신맛은 감소되어 있고 촉감 속의 점성이 쓴맛을 완화시켜 줌

바디감: 묵직한 바디감 속에 긴 여운

밸런스: 쓴맛을 낮추는 듯한 약한 신맛과 단맛의 균형감이 좋다.

케냐 니에리 washed sl28 품종을 약볶음했을 경우

향: 감귤계의 향, 계피향, 자몽향, 오렌지향, 초콜릿향, 레몬향

맛: 톡 쏘는 듯한 신맛

신맛: 레몬과 자몽 같은 신맛

바디감: 상당히 풍부한 느낌

밸런스: 단맛과 신맛의 조화 속에 다양한 향의 긴 여운의 균형감

케냐 니에리 washed sl28 품종을 중복음했을 경우

향: 캐러멜향, 초콜릿향, 송진향

맛: 쓴맛과 단맛 약간의 신맛의 균형감 있는 쌉쌀한 맛

신맛: 신맛은 감소되어 있고 쓴맛과 단맛이 조화롭다.

바디감: 두툼한 바디감

밸런스: 쓴맛을 적절히 조율해 주는 신맛과 단맛의 균형감이 좋다.

케냐 니에리 washed sl28 품종을 강복음했을 경우

향: 블랙베리향, 다크초콜릿향, 송진향, 스파이시한 민트향

맛: 쏘는 듯한 쓴맛

신맛: 신맛은 거의 느끼기 어렵다.

바디감: 상당히 헤비한 바디감

밸런스: 강렬한 쓴맛 뒤에 부드럽고 오일리한 질감 속의 균형미가 좋다.

르완다 washed 버본 품종을 약복음했을 경우

향: 오렌지향, 계피향, 감귤계향, 자몽향

맛: 톡쏘는 신맛 속의 단맛

신맛: 아프리카 커피의 특유의 신맛

바디감: 풍부한 바디감

밸런스: 신맛의 강한 느낌의 좀 튀는 균형감이다.

르완다 washed 버본 품종을 중볶음했을 경우

향: 캐러멜향, 스파이시한 향, 코코아향

맛: 쓴맛이 나면서 단맛도 조금 있다.

신맛: 신맛은 감소되어 있다.

바디감: 풍부한 바디감

밸런스: 신맛은 적지만 쓴맛과 단맛 무게감의 균형이 좋다.

르완다 washed 버본 품종을 강볶음했을 경우

향: 스윗한 카카오향, 밀크 초콜릿 같은 쏘는 듯한 매운향

맛: 쏘는 쓴맛

신맛: 신맛은 거의 느껴지지 않는다.

바디감: 상당히 무겁다.

밸런스: 쓴맛이 지배적이고 약간의 단맛과 촉감이 인상적이다.

과테말라 안티구아 washed 카투라 품종을 약볶음했을 경우

향: 바닐라향, 코코아 파우더향, 초콜릿향, 자몽향, 계피향

맛: 마일드한 단맛

신맛: 신맛은 부드럽고 강렬하지는 않다.

바디감: 거친 듯한 바디감

밸런스: 전체적인 균형이 좋고 향이 다양한 느낌이 표현된다.

과테말라 안티구아 washed 카투라 품종을 중볶음했을 경우

향: 부드러운 초콜릿향, 송진향, 계피향, 다크베리류향, 캐러멜향

맛: 단맛이 느껴지는 쓴맛이다.

신맛: 신맛은 다소 줄어 있다.

바디감: 중간 정도의 바디감

밸런스: 쓴맛과 단맛의 조화와 촉감도 균형적이다.

과테말라 안티구아 washed 카투라 품종을 강볶음했을 경우

향: 블랙베리류향, 스파이시한 쏘는 향, 블랙후추향, 스모키한 향

맛: 스파이시한 쓴맛

신맛: 거의 없다.

바디감: 상당히 무거운 바디감

밸런스: 블랙베리류의 향 속에 상당히 강렬한 바디감과 쏘는 듯한 향이 강렬하다.

코스타리카 타라주 washed 카투아이 품종을 약볶음했을 경우

향: 구운 아몬드향, 오렌지향, 사과향, 감귤계향

맛: 신맛과 단맛이 조화로운 단맛

신맛: 과일 같은 느낌의 신맛

바디감: 풍부한 바디감

밸런스: 신맛과 단맛의 균형감이 좋고 과일류의 여운도 조화롭다.

코스타리카 타라주 washed 카투아이 품종을 중볶음했을 경우

향: 스파이시한 자두향, 코코아향

맛: 쓴맛이 조금 길다.

신맛: 신맛은 감소되어 있다.

바디감: 중후한 무게감

밸런스: 쓴맛이 다소 튄다.

코스타리카 타라주 washed 카투아이 품종을 강볶음했을 경우

향: 다크 초콜릿향, 카카오향, 블랙베리류향, 송진향

맛: 아주 자극적인 쏘는 쓴맛

신맛: 신맛은 느껴지지 않는다.

바디감: 무거운 무게감

밸런스: 전체적으로 풍부한 균형감 속에 쓴맛이 튀는 경향이 있다.

콜롬비아 나리뇨 washed 콜롬비아 베리에다드 품종을 약볶음했을 경우

향: 아몬드향, 사과향, 과일류향, 포도향, 자몽향

맛: 상쾌한 신맛과 단맛이 조화롭다.

신맛: 고도가 높은 지역이라 신맛이 좀 강한 편이다.

바디감: 중후한 바디감

밸런스: 향과 맛 바디감 등 전체적으로 조화로운 균형감을 보인다.

콜롬비아 나리뇨 washed 콜롬비아 베리에다드 품종을 중볶음했을 경우

향: 블랙후추향, 다크브라운향, 쓴 자몽향, 캐러멜향

맛: 다크한 과일류의 향

신맛: 신맛은 감소되었다.

바디감: 풍부한 바디감

밸런스: 다소 단조로운 밸런스이지만 여운은 길다.

콜롬비아 나리뇨 washed 콜롬비아 베리에다드 품종을 강볶음했을 경우

향: 민트향, 송진향, 밀크 초콜릿향, 쏘는 스파이시향

맛: 쏘는 쓴맛

신맛: 감소된 신맛 거의 느껴지지 않는다.

바디감: 강렬한 파워에 무게감

밸런스: 전체적으로 파워가 있고 농도가 짙은 균형감이다.

브라질 세하도 natural 몬도노보 품종을 약복음했을 경우

향: 고소하며 드라이한 향, 구운 아몬드향, 바닐라향, 달콤한 파이프 타바코향

맛: 부드러운 단맛

신맛: 낮은 신맛

바디감: 약간 거친 느낌의 바디감

밸런스: 드라이한 느낌의 단맛과 약한 신맛 투박한 바디감이 조화롭다.

브라질 세하도 natural 몬도노보 품종을 중복음했을 경우

향: 코코아향, 고소한 구운향, 밀크 캐러멜향

맛: 쌉쌀한 단맛

신맛: 신맛이 약하다.

바디감: 미디움 바디감

밸런스: 튀지 않는 잔잔한 균형감이 좋다.

브라질 세하도 natural 몬도노보 품종을 강복음했을 경우

향: 카카오향, 송진향, 후추향, 연필향

맛: 쏘는 쓴맛

신맛: 거의 느껴지지 않는다.

바디감: 풍부한 느낌의 바디감

밸런스: 거친 듯하고 스파이시한 여운의 튀는 듯한 균형감

인도네시아 수마트라 wet huling 카티모르 품종을 약볶음했을 경우

향: 버터 스카치 캔디향, 메이플 시럽향, 망고향, 복숭아향, 초콜릿향

맛: 단맛 속의 약한 신맛

신맛: 신맛은 약하다.

바디감: 거친 바디감

밸런스: 복잡한 향과 거친 듯한 바디감의 균형이 길고 여운 또한 길다.

인도네시아 수마트라 wet huling 카티모르 품종을 중볶음했을 경우

향: 스파이시한 후추향, 치커리 뿌리향

맛: 쓰면서 단맛이 난다.

신맛: 매우 약하다.

바디감: 두툼한 바디감

밸런스: 중후함과 여운의 균형이 독특하다.

인도네시아 수마트라 wet huling 카티모르 품종을 강볶음했을 경우

향: 다크 초콜릿향, 송진향, 스파이시한 연필향, 블랙베리향

맛: 쏘는 쓴맛

신맛: 거의 없다.

바디감: 상당히 무거운 바디감

밸런스: 파워풀한 균형감이 매력적이다.

02 다양한 블렌딩 만드는 방법

1. 대륙별로 블렌딩 만드는 방법

a. 향이 강한 대륙은 아프리카 지역이 다채롭다.

ex) 이디오피아, 케냐, 탄자니아, 르완다, 브룬디

b. 맛이 강한 대륙은 중남미 지역이 다양한 맛과 향을 표현한다.

ex) 코스타리카, 엘사바도르, 온두라스, 니카라과, 파나마

c. 맛도 강하고 바디감도 있는 대륙은 중남미 지역 중 고도가 높은 지역이다.

ex) 콜롬비아, 과테말라

d. 무게감(바디감)이 강하면서 여운이 긴 대륙은 아시아 지역이다.

ex) 인도네시아

e. 규형감이 좋은 지역은 남미 지역이다.

ex) 브라질

이렇게 기본적으로 대륙적 특징을 체크해 둔 다음 각 볶음도별로 향미 특징을 정리해 두면 블렌딩을 만드는 데 도움이 된다.

다양한 대륙을 섞어서 블렌딩을 만들려면 다음과 같이 블렌딩을 만든다.

ex)

향이 좋은 이디오피아 이가체프지역(약볶음) 재래 품종 washed 처리 과정(30%) + 균형감이 좋은 브라질 세하도 지역(약볶음) 버본 품종 washed 처리 과정(30%) + 바디감과 단맛이 좋은 콜롬비아 우일라 지역(약볶음) 카투라 품종 washed 처리 과정(40%)로 블렌딩한다.
그러면 이가체프의 약볶음의 홍차향과 재스민향, 계피향과 콜롬비아 약볶음의 과일류의 향, 자몽향 신맛과 단맛의 조화와 묵직한 바디감의 표현이 느껴지면서 브라질 약볶음의 고소한 견과류의 향과 조화로운 균형감이 함께 어울리는 산뜻한 블렌딩이 표현된다.

ex)

향이 좋은 케냐 니에리 지역(약볶음) sl28품종 washed 처리 과정(30%) + 단맛과 무게감이 좋은 콜롬비아 카우카 지역(약볶음) 카투라 품종 washed 처리 과정(40%) + 균형감이 좋은 브라질 세하도 지역(약볶음) 버본 품종 washed 처리 과정(30%)로 블렌딩한다.
그러면 케냐 약볶음의 감귤계향, 초콜릿향, 자몽향 산뜻한 신맛과

콜롬비아 약볶음의 캐러멜향, 초콜릿향 중후한 바디감과 단맛의 조화와 브라질 약볶음의 바닐라향, 아몬드향, 초콜릿향과 균형감이 잘 조화된 중후한 블렌딩을 표현할 수 있게 된다.

2. 같은 품종별로 블렌딩 만드는 방법

같은 품종으로 서로 다른 지역을 블렌딩하는 방법이다.

버본 품종

향이 좋은 르완다(약볶음) 버본 품종을 washed 처리 과정(40%) + 바디감과 단맛이 좋은 과테말라 안티구아(약볶음) 버본 품종 washed 처리 과정(30%) + 브라질 세하도(약볶음) 버본 품종 natural 처리 과정(30%)로 블렌딩한다.
그러면 르완다 약볶음 버본 품종의 캐러멜향, 계피향, 초콜릿향 신맛이 다소 강한 맛과 과테말라 약볶음 버본 품종의 자두향, 캐러멜향, 코코아 파우더향 중후한 바디감과 단맛의 조화 속에 브라질 약볶음 버본 품종의 드라이한 살구향과, 견과류향, 스파이시한 향이 균형 잡힌 밸런스를 만들어 준다.

카투아이 품종

단맛과 바디감이 좋은 과테말라(약볶음) 카투아이 품종 wahsed

처리 과정(40%) + 균형감이 좋으면서 꽃향기가 나는 브라질(약볶음) 카투아이 품종 펄프 natural 처리 과정(60%)로 블렌딩한다.
그러면 과테말라 약볶음의 초콜릿향, 계피향, 포도향 단맛과 약간의 중후함과 브라질 약볶음의 꽃향기, 복숭아향, 자몽향의 독특한 아로마와 균형감이 단 두 지역의 같은 카투아이 품종으로 다채로운 균형감과 아로마를 표현할 수 있다.

3. 다양한 볶음도로 블렌딩 만드는 방법

a. 약볶음과 중볶음으로 블렌딩하는 방법을 소개하면 다음과 같다.

향이 좋은 이디오피아 약볶음 시다모지역 재래 품종 washed 처리 과정(40%) + 향과 신맛의 깊이가 있는 르완다 약볶음 버본 품종 washed 처리 과정(30%) + 단맛과 무게감을 표현하는 과테말라 안티구아 중볶음 카투라 품종 washed 처리 과정(30%)을 블렌딩한다.
그러면 신맛과 단맛 중후한 무게감과 다채로운 향 등이 표현되는데, 단 주의해야할 점은 과테말라 안티구아를 중볶음 포인트로 2차 크렉으로 조금 더 진행시키게 되면 과테말라의 비율을 줄이는 것이 전체 블렌딩 비율에 유리해진다. 이유는 중볶음 이상 중강볶음도의 볶음 비율이 정해지면 쓴맛이 증가되어 약볶음 이디오피아와

르완다 지역에 화려한 매력이 감소되기 때문이다.

b. 약복음 중복음 강복음으로 블렌딩하는 방법을 소개하면 다음과 같다.

향과 신맛 산뜻한 바디감이 좋은 케냐 니에리 지역 약복음 sl28품종 washed 처리 과정(60%) + 단맛과 중후함 여운의 깊이가 좋은 중복음 콜롬비아 우일라 지역 카투라품종 washed 처리 과정(30%) + 쓴맛과 파워풀한 바디감이 좋은 강복음 인도네시아 수마트라 카티모르 품종 wet hulling 처리 과정(10%)으로 블렌딩한다. 그러면 케냐에서 표현되는 신맛과 다채로운 아로마와 콜롬비아의 중후한 바디감과 단맛 인도네시아 수마트라 강 복음에서 쓴맛 속의 질감이 상당한 매력을 발산하는 블렌딩이 만들어진다.

c. 강복음으로만 블렌딩하는 방법을 소개하면 다음과 같다.

강복음 블렌딩을 만들려면 특징 있는 지역의 품종들을 블렌딩해야하는데, 조밀도가 강한 품종이어야만 강복음의 잘 어울릴 것이라고 생각하겠지만, 조밀도가 약한 품종들 중에서도 특징이 있는 처리 과정을 가진 품종들도 강복음에 잘 어울리기 때문에 선별을 잘해야한다.

또한 조밀도가 약한 품종들은 강복음하기가 어렵다고 생각하겠지만, 조밀도가 약한 품종들을 잘 볶는다는 것은 그만큼 화력 조절을 잘 한다는 것이다.

조밀도가 약한 품종들 중 강복음에 잘 어울리는 지역들을 설명하면 다음과 같다.

브라질 natural 처리 과정, 펄프 natural 처리 과정의 버본 품종 몬도노보 품종 카투아이품종, 예멘 natural 처리 과정, 이디오피아 natural 처리 과정, 펄프 natural 처리 과정, 하와이안 코나 지역에서 재배되는 모카 품종의 natural 처리 과정 등은 조밀도가 약한 품종들이지만, 독특한 특색의 향미를 가지고 있기 때문에 강복음을 하면 독특한 향미를 발산하게 된다.

조밀도가 중간인 품종들 중 강복음에 특색이 있는 지역들을 설명하면 다음과 같다.

케냐 sl28품종 washed 처리 과정, 르완다 버본 품종 washed 처리 과정, 브룬디 버본 품종 washed 처리 과정, 탄자니아 지역도 강복음을 하는 경향이 있는데, 키보 지역이나 아루사 지역은 고도가 높기 때문에 강복음을 해도 그 특징이 특별하게 표현된다.

조밀도가 강한 품종들은 대체적으로 강복음에 특색 있는 지역들이 많다.

이런 다양한 품종과 지역 가공 처리 과정에 따라 강복음 블렌딩을 만들기 위해서는 개성 있는 블렌딩 비율이 필요하다.

강볶음 이디오피아 하라 재래 품종 natural 처리 과정(50%) + 강볶음 콜롬비아 우일라 카투라 품종 washed 처리 과정(30%) + 강볶음 브라질 세하도 몬도노보 품종 natural 처리 과정(20%)으로 블렌딩한다.

그러면 이디오피아 하라 강볶음의 거친 초콜릿향 송진향, 매운 연필향과 가벼운 바디감 속의 카카오 같은 맛과 콜롬비아 우일라 강볶음의 다크 베리류향과 밀크 초콜릿향, 민트향, 쏘는 듯한 쓴맛과 묵직한 바디감 속에 강볶음 브라질 세하도의 거친 초콜릿향과 정향, 후추향, 쏘는 듯한 쓴맛, 스파이시한 아로마가 복합적으로 표현된다.

강볶음 이디오피아 시다모 재래 품종 natural 처리 과정(70%) + 강볶음 인도네시아 수마트라 카티모르 품종 wet hulling 처리 과정(30%)으로 블렌딩한다.

그러면 이디오피아 시다모 강볶음의 맵고 거친 듯한 초콜릿향과 송진향 연필향이 느껴지며, 드라이한 카카오 같은 여운이 감지되고, 인도네시아 수마트라 강볶음의 다크 초콜릿향과 스파이시한 블랙베리향, 쏘는 듯한 강렬한 긴 여운으로 시다모 지역과 인도네시아 지역이 서로 조화를 이룬다.

4. 서로 다른 가공처리 과정에 따른 블렌딩 만드는 방법

washed 처리된 케냐 니에리 지역 sl28품종 약볶음(30%) + washed 처리된 콜롬비아 카우카 지역 카투라 품종 중볶음(30%) + natural 처리된 브라질 세하도 지역 버본 품종 약 볶음(20%) + wet hulling 처리된 인도네시아 수마트라 지역 카티모르 품종 중볶음(20%)을 서로 다른 처리 과정의 특징이 어우러지게 블렌딩한다.

그러면 상당히 복합적인 향미를 표현하게 되는데, washed 처리된 케냐의 감귤계 향과 자몽향 캐러멜향과 washed 처리된 콜롬비아 다크브라운 슈거향, 캐러멜향, 송진향과 natural 처리된 브라질의 고소한 향, 바닐라향, 구운 아몬드향, wet hulling 처리된 인도네시아 초콜릿향, 후추향, 정향 등이 복합적으로 표현된다. 비율의 양을 20% 이하로 정하면 오히려 표현되는 부분이 가감되는 경우가 발생하므로 최대 20% 이상 비율이 들어갈 수 있도록 블렌딩을 만드는 것이 중요하다.

---

natural 처리된 코스타리카 타라수 지역 버본 품종 약볶음(70%) + wet hulling 처리된 인도네시아 수마트라 지역 카티모르 품종 약볶음(30%)을 블렌딩한다.

그러면 natural 처리된 코스타리카 버본 품종은 마치 시다모 지역의 natural 처리 과정과 콜롬비아 washed 처리 과정을 블렌딩한 것과 같은 느낌을 준다. 드라이한 복숭아 향과 살구향이 바디감이 풍부하게 표현되는데, 이것은 natural 처리된 코스타리카 지역의 버본 품종의 독특한 매력이라 할 수 있다. 이런 품종과 인도네시아 wet hulling 처리된 카티모르 품종을 블렌딩하면 카티모르 품종의 메이플 시럽향과 캔디류의 달콤한 아로마와 묵직한 바디감이 복합적으로 표현되는 멋진 블렌딩을 만들 수 있다. 이렇듯 단 두 종류의 다른 처리 과정으로 블렌딩을 우수하게 만들 수 있다.

5. 선블렌딩과 후 블렌딩 만드는 방법

a. 선블렌딩 방법은 먼저 생두의 비율을 정해서 블렌딩을 만드는 방법이다.

직화식 로스터기보다는 반열풍식이나 열풍식 로스터기에 잘 어울리는 블렌딩 방식인데, 로스팅하는 시간을 줄일 수 있고, 선블렌딩을 하게 되면 서로 다른 품종과 가공 처리된 상태에서 로스팅이 진행되기 때문에 여러 복합적인 향들이 서로 뒤섞여 상생의 효과를 만들 수 있는 장점이 있다. 단점으로는 조밀도의 차이가 있는 선블렌딩 시 직화식 로스터기는 화력 조절이 쉽지 않기 때문에 조밀도가 약한 생두와 조밀도가 중간 이상인 생두들을 따로 로스팅해서 블렌딩을 해야 균일한 로스팅을 만들 수 있다. 그러나 반열풍식이나 열풍식 로스터기는 조밀도의 차이에 상관없이 선블렌딩이 가능하다. 안정적인 화력 조절로 균일하게 볶을 수 있기 때문이다.

반열풍식과 열풍식인 경우

조밀도가 약한 약볶음 이디오피아 시다모 지역 재래 품종 washed 처리 과정(30%) + 조밀도가 강한 약볶음 콜롬비아 우일라 지역 카투라 품종 washed 처리 과정(40%) + 조밀도가 약한 약볶음 브라질 세하도 지역 버본 품종 washed 처리 과정(30%)으로 비율을 정해 함께 로스팅을 만드는 방법이다.

직화식인 경우

조밀도가 약한 약볶음 이디오피아 이가체프 지역 재래 품종 washed 처리 과정(30%) + 조밀도가 약한 약볶음 브라질 세하도 지역 버본 품종 natural 처리 과정(30%)을 선블렌딩해서 로스팅을 먼저 하고 조밀도가 강한 약볶음 콜롬비아 우일라 지역 카투라 품종 washed 처리 과정(40%)을 로스팅해서 서로 섞어서 블렌딩을 만들어야 한다.

b. 후블렌딩 방법은 각자의 품종들을 따로 볶아서 비율을 정해 블렌딩을 만드는 방법이다.

블렌딩의 개성을 확실하게 표현하는 방법으로 직화식, 반열풍식, 또는 열풍식 모든 로스터기에 사용이 가능한 방법이다. 나만에 개성있는 블렌딩을 만들고 싶거나 일반적인 블렌딩을 만들고 싶을 때에도 유용하게 사용할 수 있다. 각 싱글오리진들을 가장 베스트 포인트로 볶아서 비율을 정하는 방법으로 싱글오리진들은 싱글오리진 대로 판매를 하고, 블렌딩 커피는 비율을 그때 그때 균일하게 계량하여 섞어서 블렌딩을 한 후 판매를 하면 된다. 어찌 보면 선 블렌딩의 가장 큰 단점인 균일한 비율의 블렌딩을 만들지 못한다는 단점을 후블렌딩을 함으로써 정확하게 블렌딩 비율을 안정적으로 만들 수 있다.

권대옥의 완벽한 에스프레소 추출법

발행일 | 1판 1쇄 2017년 12월 5일

지은이 | 권대옥
주　간 | 정재승
교　정 | 홍영숙
디자인 | 배경태
펴낸이 | 배규호
펴낸곳 | 책미래

출판등록 | 제2010-000289호
주　소 | 서울시 마포구 공덕동 463 현대하이엘 1728호
전　화 | 02-3471-8080
팩　스 | 02-6008-1965
이메일 | liveblue@hanmail.net

ISBN 979-11-85134-42-0 03570